风格不朽

绅士着装的历史与守则

[美] G. 布鲁斯 · 博耶 著

邓悦现 译

TRUE STYLE

G.BRUCE BOYER

THE HISTORY & PRINCIPLES OF CLASSIC MENSWEAR

重庆大学出版社

目录

CONTENTS

前言

前言

"你似乎能从她身上看出很多我看不出来的东西。"我说道。

"不是看不出，华生，而是不注意。你不知道该看哪里，所以忽略了所有重要的东西。我从来没有使你认识到袖子的重要性，从大拇指指甲中看出问题，或者发现鞋带上的重大线索。"

——阿瑟·柯南·道尔爵士，《身份案》（*A Case of Identity*）

没错——鞋带上的重大线索！父母和老师曾多少次告诫过我们同样的话，说潜在的雇主会悄悄观察我们的指甲和鞋子，从中看透我们的全部人格。这让我们忍不住猜想，人力资源总监们肯定都是 FBI 培训过的。

会观察这些细节的还不仅仅是潜在的雇主，父母和老师们的眼睛也是雪亮的。除此之外还有现任雇主和同事、恋人、朋友和熟人们，以及——最重要的——有可能成为你恋人、朋友和熟人的人们。我们中有谁没有偷偷嘲笑过陌生人不合身的西装或是同事磨损的休闲裤？谁又没有根据约会对象的着装打扮给他 / 她打过分？难道我们会以为别人就没有这样的小心机吗？

柯南·道尔肯定知道我们说的是什么意思：正是那些细微之处，你衣服上那些微妙而不起眼的细节，最能反映问题。比方说，你会把袜子一直拉到小腿肚子，还是让它们堆积在脚踝上，让小腿看起来像是两根抻直的鸡脖子？你的领带打得一丝不苟还是花里胡哨？还有，你的口袋巾——用来装饰而不是擤鼻涕的那种——又是什么样子的？它是整个造型的点睛之笔，还是跟衬衫和领带格格不入？或者你根本没戴它？

让我们暂时搁置关于穿着和修饰、举止和礼仪是否重要的争论，因为事实是它们确实重要。奥斯卡·王尔德曾说过，只有肤浅的人才不会以貌取人。至于他说得对不对，人们心中自有公断。我只想说，你的举止和外表不仅都被别人看在了眼里，而且很能说明问题。

就像夏洛克·福尔摩斯说的那样，衣橱里的那些配饰都是主人个性和社交的重要指标。因为从实用性来说，它们也起不到太大作用，唯一的意义就是地位和欲望的象征。在历史上，珠宝是男人和女人们地位的象征，不过对于当代男性来说——至少对于端庄得体、有点品位的当代男性来说—— 这种象征通常比较含蓄，至少不会是缠在手腕上或是在胸前晃荡着的大金链子。

我一直不厌其烦地重申——也许读者们都听腻了——衣服是会说话的。实际上它们从来都不会安静下来。如果你因为不用心而忽略了它们的声音，那就危险了，你会为自己的疏忽付出代价。就像英国政治家切斯特菲尔德勋爵所指出的那样，穿着打扮很愚蠢，而不在意穿着打扮更愚蠢。

衣服不仅会说话，它们还不像语言那样会撒谎。大家都知道，人们大多数的交流都是非语言的，而其中的大多数建立在我们对彼此的观察上。

在今天这个世界，我们会开短会、吃快餐，高新科技无处不在，人与人之间的距离却越来越远，我们必须在短短几秒钟之内快速做出判断，并为此尽可能获取最多的信息作为判断依据。其中大多数的信息来自视觉感知，也就是我们所看到的东西。对于个人和社会来说，这就形成了“时尚”。既然衣服会说话，其中就蕴含着一种“语法”，可以把各种各样的着装转换成有意义的、清晰的信息。然而，我们却常常对穿着打扮背后隐藏着的语法视而不见——甚至否认它的存在。

我知道大多数人都是不读时尚杂志或者时装博客的。我自己也没拿出我该有的热情读这些。我是怕它们搞坏我的大脑。但有一天，我拿起一本杂志，以为可以从那篇叫作《新世界秩序》的封面文章里学到点什么。但我读了第一句就停下了：“工作场合着装的新规则，就是没有规则。”我忍不住热泪盈眶，因为笑得太厉害了。

无论是对于时尚还是别的什么来说，守则都是无穷无尽的。而且这些守则时刻在发生变化，有时这种变化很慢，有时又快得不可思议，万丈高楼转瞬之间轰然倒塌。也许你注意到了，某一年夏天，似乎世界上的每个男人都穿着海军蓝西装外套搭配白色牛仔裤。当然，这样穿挺帅气的，但当他们同时出现时，你就会觉得整条街似乎都挤满了吉尔伯特与沙利文那部《皮纳福号军舰》(*H.M.S. Pinafore*) 里的合唱团成员。我的意思是，说实在的，这是种时髦的搭配，但当你看见街上有三四十个人这么穿时，事情就变得有点无聊了。他们所穿的衣服本身没有

---

1. 《皮纳福号军舰》：又名《爱上水手的少女》(*The Lass That Loved a Sailor*)，是一部两幕喜剧，由阿瑟 · 萨利文作曲，威廉 · S. 吉尔伯特创作剧本。——译者注

什么问题，只是这种搭配实在是太烂大街了，以至于丧失了时尚方面的意义，只会让你看上去像是一个拼命挣扎着追逐潮流的人。

时尚总是瞬息万变，它与自己之间所产生的剧烈冲突，简直都能突破规定物体之间相互作用力的牛顿第三定律了。不过时不时地与自己背道而驰一阵子，正是时尚的一贯作风，不是吗？就像是在貌似极端矛盾的不同观点之间游移不定的黑格尔派哲学家一样。这一季流行的是灰色、紧身和马海毛，下一季就变成了宽松款和粗花呢。而在不同的时间段，身穿灰色法兰绒西装分别代表着孔雀革命[1]、意大利风情、复古风潮、学院风或是浪漫主义。时尚只在当下这一刻才有意义。

这本书的目的在于帮助你跳出时间的限制，去了解一系列来源于历史的、同时拥有永恒优雅的单品、风格和习俗，让你在未来的5年甚至50年里都能保持时髦。这个目的也许还可以换个说法——通过创新、传统和个人品位之间的对话，帮你获得一种理性的优雅。

本书涉及的着装风格主要来自西方国家，尤其是近300年来的英国。但它们毕竟经历了3个世纪的考验，现在更是传播到了全世界，这就足以说明其中的价值。西装三件套起源于17世纪中叶，但是后世的时装和时尚作家们——詹姆士·拉沃尔[2]、

---

1. 孔雀革命：发生在20世纪60年代，用雄孔雀比雌孔雀更美比喻男性时装渐趋于华丽的倾向。——译者注
2. 詹姆士·拉沃尔（1899—1985）：英国作家、评论家、策展人，以及艺术和时装历史学家。——译者注

佩尔·宾得[1]、西塞尔和菲莉丝·坎宁顿[2]、克里斯托弗·布里渥德[3]，以及彼得·麦克尼尔[4]——都注意到了在18世纪末的时候，男装潮流忽然之间发生了决定性的变化。

我们现在把那段时间称为“男性大弃绝”（the Great Male Renunciation）时代，男装风格不再华丽浮夸，而是变得简单朴素。在18世纪初，男人们不再穿戴绸缎、绣花外套、扑粉的假发和装饰着银扣的鞋子，他们都穿上了剪裁简单、色彩低调的羊毛西装。换句话说，男人们脱下了宫廷华服，换上了现代服装。

在“男性大弃绝”时代到来之前，男性是一种跟今天完全不同的物种。绣着图案的丝绸和天鹅绒在18世纪上半叶占据了欧洲贵族的衣橱，直到两场革命接连到来，对于接下来两个世纪甚至更久的时间之内人们的穿着产生了巨大而不可预见的影响。首先是法国大革命，接着是工业革命，18世纪末的这两场革命给包括服装穿着在内的人类活动划下了一道分水岭。

18世纪末期，欧洲人开始采用一种全新的着装风格。两次大革命带来的自由与民主风潮大大加快了这一进程。用历史学

1. 佩尔·宾得（1904—1990）：英国作家、插画家、剧作家。——译者注

2. 西塞尔（1878—1961）和菲莉丝·坎宁顿（1887—1974）：20世纪初生活在伦敦北部的一对医生夫妇。他们也是著名的服装历史学家，收藏有大量20世纪20年代到40年代的英国服装。——译者注

3. 克里斯托弗·布里渥德：时装历史学家，著有《时尚的文化》（*The Culture of Fashion*）等书。现为爱丁堡艺术学院院长。——译者注

4. 彼得·麦克尼尔：悉尼科技大学设计史教授、瑞典斯德哥尔摩大学时装研究中心时装研究教授，著有《男装时尚读本》等书。——译者注

家大卫·库查他[1]的话来说，过去的一个世纪，产生了一个“自信的资产阶级，他们放弃了宫廷主导的夸耀性消费观念，在工业化的基础上建立起了低调朴素的男性消费文化”。这个建立在城市化、专业化和工业化基础上的新兴阶层，很快发现丝绸短裤、银扣鞋子和扑粉假发不具有任何实用意义，到了后来甚至连象征意义都没有了。

乔治·布莱恩·布鲁梅尔[2]就是这一转变最好的代表，这么说主要是因为他创立了商业阶层的标准着装：纯羊毛外套和裤子，白色亚麻衬衫，再加上领带。布鲁梅尔对社会历史的巨大贡献在于，他让着装从血统的象征变成了时代进步的象征；他丢开宫廷服饰中繁复的装饰、点缀着珠宝的西装背心、假发和天鹅绒短裤，取而代之的是有钱乡绅去猎狐时穿的行头。他的目标是简单、实用和清爽。他所处的那个时代——就和我们的时代一样——最重要的标志就是代议制民主、大都市的崛起、工业和技术革命、大规模工业生产和媒介、科技进步带来的更高的生活标准，以及资产阶级的形成。从某种意义上来说，他就是时代的产物。

在布鲁梅尔的时代，包括时装在内，一切都发生了天翻地覆的变化。他被广泛认为是创造了简洁的、革命性的当代城市着装的第一人。我们至今依然这么穿。

---

1. 大卫·库查他：新英格兰大学历史学副教授，著有《三件式套装和当代男性气概》（*The Three-Piece Suit and Modern Masculinity*）等书。——译者注
2. 乔治·布莱恩·布鲁梅尔（1778—1840）：英王乔治三世时期首相的私人秘书之子，也是乔治四世的好朋友。天生美貌，并且对贵族式的着装非常熟悉，在英国摄政时期引领了贵族圈的时尚潮流。——译者注

在此之后，布鲁梅尔的个人生活境况急转直下，但是他关于绅士应该如何穿着打扮的理念却流传了下来。虽然这种商务着装在布鲁梅尔的时代之后经历了一系列演变，但这一百年间大体上还是保持不变的。他的日间着装跟我们的海军蓝夹克外套加休闲裤的搭配并不是一回事：蓝色羊毛燕尾服，单色的背心，米黄色的裤子，白衬衫，还有平纹细布的领带。没有扑粉的假发、精美的刺绣或是银质的鞋扣。到了晚上，他会穿黑色和白色。更值得注意的是，在那个年代他就已经每天洗澡、换衣服。他的个人传记作者杰西船长[1]指出，布鲁梅尔很早就“注意避免外表上任何的标新立异之处，专注于他自己仪态上惊人的潇洒和优雅。他的座右铭是：发生在一位绅士身上最糟糕的事情就是因为穿着打扮太招摇，而在大街上引起了别人的注意”。

以上差不多就是男装演变的大概脉络，当今的时尚历史学家们通常就根据这些史料来阐释我们这个以商务着装为主流的年代。但是如果18世纪那种华丽的着装真的已经被历史所抛弃——女装或多或少还保留了这份华丽——我们还能在衣橱里找到一点个性和色彩吗？我们必须压抑天性中的诗意，把浪漫情怀藏在层层叠叠沉闷的织物里吗？我们真正想选择的是什么？我想讨论的就是这些问题。

讽刺的是，男装的选择越来越局限，可是代表的意义却越

1. 杰西船长（1809—1871）：原名威廉·杰西（William Jesse），作家和历史学家。——译者注

来越多。19世纪上半叶，欧洲的大城市不断扩张，越来越多的人涌入这些大都会，人们的外表看起来也越来越一致，没什么个性，也没什么地域特色。对于着装的解读也需要随之进化。随着中产阶级的兴起，服装的象征意义变得更加微妙。人们用衣服展现"品位"，而不是赤裸裸地炫耀。分辨真正的绅士和装腔者（假设两者之间确实有区别）也变得更难，需要更细致的区分和更敏锐的观察。

穿着打扮不仅仅关乎个人爱好，还关乎更重要的事情。人们通常认为，男式礼服的守则在英国爱德华时期达到了巅峰，那时候社交场上的男士会根据时间、同伴和场合，每天换上五六次衣服。在这种大环境下，你可以想象，随着社会中阶级的变动越来越剧烈，很多人都为该怎么穿对衣服感到焦虑。没有人希望自己打扮得像是社会底层的成员，即使只是看上去像而已。所以在着装方面，个人品位最多只能体现在细节上。你不能冒着有损自己身份的危险，就按照自己的喜好来穿。

在今天，着装带来的焦虑看起来更甚从前，比方说那些时装博客就充满了精心设计的痕迹，用图片告诉读者应该怎样正确穿搭，刻意展现出有品位的、正确的着装方式。这些网站无疑能给未来的社会学研究提供大量有趣的凭据；但现在看来却有点可悲，它们提供的实际上是最安全的——对很多人来说也是唯一的——关于穿什么、怎么穿、为什么这样穿的指南。

最可悲的是，很多人在穿衣打扮方面的保守程度就像还活在爱德华时期，根本不敢好好利用当代社会赋予我们的用着装来表达个性的自由。实际上，真正的穿着得体的人之所以穿得好，不是因为他们按部就班地遵守了每一条着装守则，而是因为他们有良好的品位、个性、风格和对历史的洞察力。从温莎公爵、弗雷德·阿斯泰尔[1]、卢西亚诺·巴贝拉[2]，到吹牛老爹肖恩·康姆斯、Jay Z、尼克·福克斯[3]、拉尔夫·劳伦和乔治·克鲁尼，这些穿着最考究的男人都是在对图案、材质和颜色广泛探索以后，为自己打造出既能彰显个性，又符合传统审美的造型的。只要用心，任何人都能达到这样的平衡。

这些人中的每一个——请允许我为他们做个总结——都非常了解这些穿衣规则，但又不会流于刻板。穿衣规则实在太多，而其中大部分说实话都没什么意义。时尚杂志通常都不会明明白白告诉你为什么人们这样穿，以及更重要的，为什么人们不穿特定的单品。我的意思是，确实有一些很好的着装规则，但还有很多规则简直像谣言一样被传来传去——你懂的，比如说你的口袋巾应该按照怎样一种特定的方法折叠，你的外套应该达到由某种神秘的数学公式算出来的长度，还有你的裤脚必须有多宽，诸如此类。而且，说实话，这些都挺傻的。我的座右铭是，只要你喜欢，大可以尽情地选取艳丽的花呢猎鹿帽、短斗篷或是布洛克鞋。

---

1. 弗雷德·阿斯泰尔（1899—1987）：本名 Frederick Austerlitz，美国著名电影演员、舞蹈家、舞台剧演员、编舞、歌手。1950 年，获颁奥斯卡终身成就奖，1981 年获得美国电影协会终身成就奖，1989 年去世后，格莱美授予了他终身成就奖。——译者注
2. 卢西亚诺·巴贝拉：意大利顶级男装品牌 Luciano Barbera 的创立者，也是世界著名的羊毛供应商。——译者注
3. 尼克·福克斯：英国著名媒体特约撰稿人、腕表鉴赏家，现为《新闻周刊》《名利场》《金融时报》等多家媒体特约撰稿人。——译者注

所以说，穿着打扮只有“相对的自由”。你得知道，得体也是有种种局限的。比如说，现代休闲着装的可选择范围非常大，但问题是，某个人穿去办公室的衣服很可能是另一款运动装束，对吧？休闲装占我们衣橱中很大的——很可能是最大的——那一部分，但我们也不能因此沦落到穿着破烂的牛仔裤、运动套头衫和球鞋出门吧？就像语言中有敬语、有常语，着装也分为不同的等级。要想说对话、穿对衣服，最重要的一点就是根据目的、人群和场合，尽可能表现得体。如果要去沙滩，热裤当然是完美的选择，但是去鸡尾酒会就不能这么穿了。反过来，在沙滩上西装革履也不大合适。

混乱的着装，在我看来，一定代表着哪里出了问题——就像是上文中提到的那种“没有规则”的奇谈怪论——而且还不仅仅只是衣服的问题。当那些应该成熟稳重的成年人穿着冲浪少年的衣服出现时，我们会开始觉得有点不舒服，开始扪心自问：我们真的想穿着休闲短裤和印着“fuckoff”网址的 T 恤去见股票经纪人和私人医生吗？我又该不该把自己辛辛苦苦赚来的钱和下半生的经济保障交给一个穿着蠢笨的潮人跑鞋和刻意做旧的牛仔裤的投资顾问？答案很可能是不。

这里还有一个“向下螺旋”的问题。我正在就这个话题给国际艺术和科学协会的下一次会议写一份报告，主要观点是同辈压力往往比虚荣心更能影响人们的选择。毕竟，我们都是群体动物，每个人都有从众的心理。说到衣着和举止，从众心理的体现就是我们都想和大家一样，而不是显得出类拔萃——人们都不敢穿得太好，只想把自己藏在人群中，这就形成了向下的螺旋。

那我们应该怎么做？在余生继续穿着单调的套装，把拥有个性的灵魂淹死在平庸衣料的海洋里，还是把自己套在连帽套头衫和运动鞋里？只要还有一星半点生命的火花，或者还有一点改变自己的能力，都不要这样做！了解你可以选择的不同风格、它们的历史和运用方式，是通过着装重新树立尊严的第一步。常言说，千里之行，始于足下。那你想穿着什么样的鞋子上路？让我们一起迈出第一步——不是从鞋子开始，而是从领带开始。

1

阿斯科特式领带

ASCOTS

有一个不幸的事实是，大多数男人都不知道该拿自己的脖子怎么办。一旦不能把脖颈安全地藏在领带里面，他们要么就干脆自暴自弃地让脖子像火鸡下巴的肉垂一样从敞开的衣领里伸出来，要么就找少量衣料做点遮掩。比方说，高领毛衣时不时地就会回到男装的历史舞台上，很多男人——简直有点太多了——会像寻求弹壳保护的子弹一样热情地拥抱它们。而另外一群更明智的绅士，则会穿着海军蓝双排扣外套和白色高领紧身衣出席鸡尾酒派对。当他们聚集在庭院里的时候，看上去活像是一群等着拍《击沉俾斯麦号》[1]（*Sink the Bismarck*）的临时演员（更多关于高领衫的讨论，参见第25章）。

说实话，你大可不必为如何装点脖子的问题发愁，完美的解决方案一直就在我们手边，不过首先你得允许我又拿老一套的说辞来形容它：这就是一种舒适、轻松又历史悠久的围巾。随便你怎么称呼它——阿斯科特式领带（ascot）、宽领带（cravat）、围巾式领带（stock）——在喉咙那儿系上围巾，就是想要装点脖子时最可靠、最正确的选择。当你要出席那些介于正式和非正式之间的场合，外套和领带的搭配会显得沉闷，而休闲裤和Polo衫又太随便，这时阿斯科特式领带也许是个好选择。它可以和羊绒开衫、粗花呢夹克、海军上衣，或是夏季运动外套搭配在一起。只要把一片优质的丝绸或是轻薄的羊绒在敞开的领口处精心折叠起来，就能达到这种既潇洒又优雅，充满动感和

1.《击沉俾斯麦号》：改编自第二次世界大战真实历史的海战电影，描写英国海军苦苦追击著名的德国战舰“俾斯麦号”的故事。——译者注

自信的无与伦比的效果。

也许你认为，从某种意义上来说，服装历史的演变说明了宽领带装饰脖子的历史也就是围巾的历史。当它们在第一次出现之前（约 4 个世纪前），欧洲的男人们都是习惯在脖子上围绕一圈衣领。像是弗朗西斯·德雷克爵士的环状领，或者是同时期很多荷兰人物肖像画里常见的蕾丝饰边衣领。然而到了 17 世纪中叶，一种全新的领巾代替了这一切。这种风靡一时的领巾就像荷兰式衣领那样也装饰着蕾丝，佩戴方法则是围绕脖子一周后在前面打结，蕾丝沿着衬衫的衣襟自然垂下，当外套敞开时这种领巾显得格外潇洒。

多年以来，人们用不同的名字称呼这块布。直到 19 世纪，它还是被简单地称作“颈巾”（neck-cloth），并被分为两大类：第一类宽领带是一长条布料，先绕脖子一圈然后在前部打结；第二类围巾式领带是用一条比较宽的布料从前往后绕一圈，回到脖子前方打结后再用带扣或是圈勾扣固定。

一开始，宽领带占据了时尚潮流。据有些人说，这种领带是在 1640 年前后由那些在三十年战争[1]中跟克罗地亚雇佣兵军队一起对抗日耳曼王朝的法国军官们带回法国的。这些克罗地亚人的一大特点就是用衣服上长长的飘带系住衣领，而在法语中，“宽领带”（exuberance）就是“克罗地亚”（Croat）的意思。无

1. 1618—1648 年由神圣罗马帝国内战演变而成的全欧参与的一次大规模国际战争。这场战争是欧洲各国争夺利益、树立霸权的矛盾以及宗教纠纷激化的产物，战争以波希米亚人民反抗奥地利哈布斯堡王朝统治为肇始，最后以哈布斯堡王朝战败并签订《威斯特伐利亚和约》而告结束。——译者注

论它的起源到底是什么，总之你可以在1650年之后的画作中看到宽领带的身影。上自君主下至随从，从欧洲到美洲，一时间人人都戴着装饰有蕾丝花边或者完全由蕾丝做成的更昂贵的宽领带。早在1735年，《波士顿晚报》就刊登过优质全棉宽领带的广告。

到了18世纪上半叶，宽领带逐渐不那么流行了，一时间围巾式领带成为时尚潮流。这主要得归功于西装马甲的流行。西装马甲通常要量身定做，通过10～12颗扣子的固定使得后颈下方到臀部下方都是贴身的。也正因如此，宽领带就没法在前襟发挥装饰作用了。直到今天，参与狩猎活动的女士和绅士仍然戴着由18世纪传统式样改良而来的围巾式领带。围巾式领带是唯一保留了实用功能的颈部装饰。它为颈部提供保护，遮挡盛夏的烈日、隆冬的寒意，而当骑手或马匹在田野里发生意外时，它还能充当紧急绷带或固定吊带。围巾式领带的面料通常是珠地布、尼龙、丝绸或细棉布，颜色则是白色，用特定的手法系好后再用一根约3英寸长的镀金安全别针固定。在围巾的中间有一个扣眼，可以扣住衬衫前襟的纽扣，然后让围巾的两端从前往后绕一圈，再在胸前打成一个平结。别针用来固定住领带垂下的两端，防止它们在颠簸时遮住脸部。新骑手们通常会开玩笑说，学习系围巾式领带简直比学骑马还要难。

1760年之后，无论男女都开始流行在穿便装的场合敞着衣襟穿西装马甲，时髦的绅士常常在围巾式领带外再系一条打褶的织物，让它飘扬在衬衫前襟。这种系法被称为“花边领饰”（jabot）。这种由两块布料组成的领巾打法，也宣告了围巾式领带的消亡。

19世纪初的英国摄政时期，可以说是宽领带的鼎盛时期。法国大革命带来了自由、平等、博爱的思潮，把奢靡的宫廷式着装潮流荡涤一空，而工业化大革命则让更加平易近人、朴素实用的着装风格流行开来。就像伟大的法国作家巴尔扎克指出的那样，当法国人得到了平等的权利，他们同时也穿起了同样的衣服。社会各阶层之间穿衣打扮的区别变得越来越小，你从一位绅士的领带就能迅速看出他整个衣橱是什么样的。着装之道的精妙之处就这样被民主精神取代了。因此，一条被浆洗过的优雅的领带，成了真正彬彬有礼的绅士的标志。这样的人会被称为“花花公子”[1]——通常这样称呼他们的，是那些想穿得和他们一样考究而不可得的人。作为时尚的最忠实追随者，一些花花公子故意把宽领带打得很夸张。这些领巾甚至能盖住下巴、遮住嘴，让人连转动脑袋都不大方便，但这也为花花公子们平添了几分冷漠和傲慢。就像英国作家马克斯·比尔博姆[2]说的那样，花花公子就像是画家，而供他们挥洒的画布就是他们自己（令人好奇的是，花花公子中的佼佼者乔治·布鲁梅尔从来没有结过婚，也没有为人所知的恋爱经历，无论是跟男人还是女人。他生命中的挚爱似乎就是他自己）。

---

1. 花花公子（dandy）：通常译为“花花公子”或“纨绔子弟”，指的是19世纪一批注重外表修饰的英国贵族男性，其中以乔治·布鲁梅尔和英国作家奥斯卡·王尔德为代表。——译者注

2. 马克斯·比尔博姆（1872—1956）：英国作家，代表作《马克斯·比尔博姆文集》。花花公子做派，摄政时期风格和时尚崇拜是他作品中最为人所知的主题。——译者注

有趣的是，据传巴尔扎克（Balzac）自己也写过一本详细的领巾使用指南（他从来都没有承认写过这本小册子，但封面上的署名——H.Le Blanc 被认为是他的化名）。这本指南介绍了 32 种宽领带的不同打法，适合各种各样的心情和场合。也许你认为系领带只是一件微不足道的小事，但这至少代表着一位伟大的时尚偶像和社会活动家留下的宝贵遗产——乔治·布鲁梅尔。

作为一位社会风潮的领导者，布鲁梅尔的名气主要建立在他对自己领巾的讲究程度上。如果我们能相信他侍从的话——其实也没什么理由不相信——为了让领巾呈现出理想的效果，布鲁梅尔会为此花上好几个小时。他的朋友乔治，也就是威尔士亲王[1]，曾经穿着皱巴巴的便装坐在他的脚边学习关于这些亚麻布条的艺术。据说亲王非常喜欢系巨大的领巾，他曾深受腮腺炎之苦，因此很有可能他才是最早一个希望公众注意到领巾的人。而布鲁梅尔和他的花花公子同伴们则是让领巾成为花花公子身份象征的人。

在为布鲁梅尔撰写的传记里，伊恩·凯利[2]对此做出了解释。首先，领巾确实处于视线的焦点处，总是能第一眼就引人注意。其次，它成为绅士的象征也是因为那种浆洗得一丝不苟、洁白无瑕的样子“暗示着你根本不在乎购买亚麻布料和浆洗的那点钱”。对于摄政时期的男性来说，洁净的亚麻布象征着财富、地

---

1. 威尔士亲王：英国王储称号。
2. 伊恩·凯利：英国舞台剧和电影演员、剧作家、历史学家，在 2005 年出版了布鲁梅尔的传记。他的作品还包括 18 世纪意大利冒险家贾科莫·卡萨诺瓦、19 世纪法国烘焙大师安东尼·卡汉姆和英国时装设计师维维安·韦斯特伍德的传记。——译者注

位以及随之而来的风格。布鲁梅尔相信，领巾就是绅士外表的重要象征，值得你花上整整一个早晨来打出一个恰到好处的结。据说某天上午，有一位访客去拜访布鲁梅尔，看见他和他的侍从站在更衣室里，试戴过的领带堆到了膝盖那么高。这位访客问他们这些都是什么，那位侍从回答道："哦，先生，这些都是我们的失败。"

19 世纪中期，"领带"这个词正式进入了词汇表。当时，宽领带的系法是绕脖子一圈，然后在胸前打一个大蝴蝶结［也就是"蝴蝶结领结"（bow tie）］或是小领结，让领带的末端从衬衫的前襟垂下去（这就是现代领带的前身）。自此以后，各种各样的领部装饰开始用系法来命名：四手结（four-in-hand，我们现在最常见的领结，来源于当时驾驭四头马车的绳结打法）、蝴蝶结领结（会在第 3 章有更详细的介绍），以及鼎鼎大名的阿斯科特式领带，即将领带的末端在衬衫前部折叠后用一枚别针固定——最初可不是像现在这样塞进衬衫里的。

很显然，阿斯科特式领带是以伦敦社交季最时髦的聚会来命名的：迄今为止 300 年来，每年 6 月都在阿斯科特草坪举办的英国皇家阿斯科特赛马会。阿斯科特赛马会一直以来都是英国社交季最需要盛装出席的活动，一条宽宽的、用别针固定住的丝绸领巾则是出席这一场合的必备之物，阿斯科特式领带也因此得名。

令人遗憾的是，这领巾三巨头中唯一真正存活到今天的只剩下领带了。为什么其他两种领巾——请允许我再次使用一个比喻手法——成为濒危物种？为什么蝴蝶结领结只能在一小撮杂志编辑、怪脾气的律师，或是常春藤名校教授的脖子上苟延残喘？又是为什么，阿斯科特式领带被普遍认为不适合常人，除了少数几位风度潇洒但早已去世的人——像是弗雷德·阿斯泰尔、加里·格兰特[1]、道格拉斯·范朋克[2]？

实际上，我觉得这就是问题的症结所在。在颈中围一条光鲜亮丽的领巾，人们总是会将其与贵族的打扮联系起来，因此很少有人相信自己能驾驭它。这种潇洒、浪漫，甚至有一点浮夸的配饰，也许并不适合那种必须在工作中打扮得端庄死板的人，然而我倒是不明白了，凭什么会计、邮局职员、送奶工或是银行经理，就没有打扮得浪漫一些、光鲜一些的权利？

对于时尚再有热情和天赋的人，恐怕也想不出更好的办法在不打领带的场合下装点自己的脖子。领带在设计、颜色和风格方面，拥有无穷的可能性。比方说，过去的阿斯科特式领带被设计成爱德华时期的风格，领带的上部——也就是围绕脖子的部分——是一条窄窄的、打褶的布带，两条垂下的飘带则更宽一些，通常末端是尖的。这是因为窄布条在衬衫领子下面围绕脖子一周也不会显得臃肿，而宽宽的飘带可以在敞开的衬衫前襟营造出一种好看的蓬松效果。这种阿斯科特式领带至今依然是男装店里最畅销的品种。

你也可以用其他的方式实现类似的效果。比方说，可以用

1. 加里·格兰特（1904—1986）：出生于英国布里斯托，20世纪初著名好莱坞影星，与希区柯克多次合作。代表作《金玉盟》《美人计》《西北偏北》等。——译者注

2. 道格拉斯·范朋克（1883—1939）：20世纪初著名好莱坞影星，代表作《佐罗的面具》《罗宾汉》。——译者注

一块边长大约 32 英寸的方巾或是 1 码长、6 英寸宽的长巾。方巾对角折叠成三角形，从直角向斜边卷起，就能得到一条长巾。至于长巾，只要简单对折直到宽度适宜就行。这两种办法都很简单和实用。

用这两种方法折叠的领巾适合在脖子前部打成各种各样的领结。温莎公爵——也就是曾经的爱德华八世、威尔士王子——使用过一种简单而优雅的方法，他让领巾的两端穿过一只戒指，然后在衬衫胸口自然垂下。阿斯泰尔则以使用一只小小的夹子固定领带的两端而著称，这也是阿斯科特式领带最初的系法。换作一枚古董别针、Art Deco 式的珠宝，或仅仅是一枚小小的金色别针，效果都很不错。此外，想要简洁一些——这是最伟大的美德——你可以只打一个结。实际上，把一条飘带穿过领结绕一圈再垂下，可以营造出一种蓬松而不臃肿的效果。

阿斯科特式领带实在有太多种系法了。每个人都可以在这宜人的方寸之地里自由发挥。你可以创造出属于自己的系法，发明一种特殊的领结，然后把它变成自己的象征。我认识一个家伙，当他不打领带的时候，总是戴一条海军蓝和白色的波尔卡圆点领巾，打双结。这就是他的特殊标记，也确实很适合他。

大约在 20 世纪中叶，布鲁克斯兄弟为这种穿搭创造了一种再简单不过的解决方案：一件自带阿斯科特式领带的衬衫。“布鲁克斯 – 克拉尼”衬衫（以设计了它的员工来命名）是一种讨人喜欢的法兰绒格子衬衫，领口装饰着一条相同面料制作的阿斯科特式领带，特别适合在非正式的休闲娱乐场合穿着，如俱乐部的鸡尾酒派对。不幸的是，这种衬衫没卖上几年就停产了。

如果人们对此有足够的兴趣，也许还能让它重新出现在市场上。关于这种领饰，还有另一点值得注意的地方，那就是它从来不改变：同样的比例，同样的高级丝绸面料，甚至是同样经典的花纹——佩斯利涡纹、波尔卡圆点、几何图案——一年四季都是同样的选择，因此如果你要买一条新的领带，不同的仅仅是颜色而已。阿斯科特式领带永不过时。

2

靴子

BOOTS

靴子，曾经纯粹是工人和户外工作者的实用性鞋具，却在20世纪中叶打入了时尚的世界，自此以后越来越受欢迎。有些新款的靴子包含了大量的设计，用各种不同的材质缝合、胶粘在一起，看上去粗犷得就像是漫画书里的超级英雄穿的。同时，市面上也还能看到各种经典的复古款靴子：真正的工装靴、工程师靴、牛仔靴、登山靴和户外靴，以及橡胶乡村靴。有轻质的健步靴和防水的狩猎靴；结实的、带有不锈钢护趾的建筑工人靴，用硅鞣剂鞣制的牛皮或是上了油的野猪皮制作的技师靴；牧马人的马靴；军靴；切尔西靴；还有绅士们的乡村靴，苏格兰纹理、燕尾雕花款式，加上突击队鞋底；奇佩瓦（Chippewa）、红翼（Red Wing）、橡树街（Oak Street）、狐狼（Wolverine）、淮风格（Viberg）、罗素（Russell）、L. L. 宾恩（L. L. Bean）、惠灵顿（Wellington）、骑手（Rider）、R. M. 威廉姆斯（R. M. Williams）、夏蒙尼（Chamonix），还有许多当今人们都耳熟能详的其他牌子，更别提爱德华·格林（Edward Green）、克罗克特和琼斯（Crockett & Jones）、奥尔登（Alden）、丘尔奇（Church's）、约翰·罗布（John Lobb）等英国本土的知名品牌。

这难道是因为现在比几十年前有更多爱好运动的人？不见得，尽管其中的很多人是想通过这些靴子呈现出一种中产阶级化的户外工作者形象，但是还有更多的人只是觉得靴子比起鞋子来更加具有实用性。而且这些靴子还代表了一种强烈而悠久的历史传统，对于当今那些对手工艺和复古风格感兴趣的人来说特别具有吸引力。你选择穿靴子的原因，可能是想打造出一种时尚风格，或者只是喜欢在城市公园里踢踢树叶，或是要沿着阿巴拉契亚国家步道来一场徒步马拉松。现在很多新型的运动靴——有五颜六色的尼龙鞋面、D 型鞋带扣、钉铁鞋尖、坦克履带大底、反光条，还有高科技透气涂层——都又舒适又耐穿，甚至其中有很多靴子看上去会让你以为它的设计师了解过很多关于靴子和鞋子的相关信息，但他们却可能从没真正见过。

有几种风格的靴子——其中大部分发源于美国——是最流行的。当马龙·白兰度穿着一双黑色牛皮机车靴在 1953 年的电影《飞车党》(*The Wild One*)中呼啸而来，两年后詹姆斯·迪恩也穿着这么一双靴子在 1953 年的电影《无因的反叛》(*Rebel Without a Cause*)中闲逛时，这种靴子就开始在 20 世纪 50 年代的年轻人中风靡起来。现在它们似乎已经成为所有设计师的作品中不可或缺的一件单品，作为对过去那个实用性高于一切的年代的致敬。这种靴子简直成了一种神话，按照艺术史学家肯尼思·克拉克爵士对神话的阐释，它们不会突然消亡，而是会经历一段被他称为“体面退休期”的阶段，在此期间持续激发我们的想象。当它们从一种原创的实用工具变成一种时尚宣言时，实际上是遭遇了阉割。

在设计师的手中，这些属于贫困阶级的，粗糙不堪、毫无美感的靴子变成了时尚单品。它们通常会伴随着哈雷·戴维森机车一起出现，成为最早被用来耍酷的鞋履之一。严格说来，机车靴的原型其实应该被称为“工程师靴”，因为它们最早是为了铁路工人而设计的。工程师靴用厚实、坚硬、染成黑色的牛皮制成，外形粗短而厚实；靴筒的顶部并不像牛仔靴那样紧身并且是平的，而是越往上越宽松，并在顶部呈三角形，可以在膝盖处用钢扣皮带系紧。靴尖是圆形的，脚背处也有可以收紧的钢扣皮带（有时候会装饰金属鞋钉）。鞋底是一块厚厚的皮革，鞋跟有 $1\frac{1}{3}$英寸高，前部略低而后部略高，鞋跟的边缘是向内凹陷的弧面。鞋匠还会帮你给鞋跟钉上新月形的金属防滑鞋钉。工程师靴是一种再粗犷不过的鞋履，每一只都重达1磅，最适合走起路来大摇大摆的人。这种靴子应该搭配黑色的机车皮衣、裤管高高卷起的牛仔裤、紧身的T恤衫（上面请不要有任何logo或是口号），以及涂着大量发蜡的“鸭屁股”发型。这样你就成功打造出了一个充满反叛精神的平民英雄形象——这很快又演变成了另一种类似的形象，类似于《黑板丛林》（*Blackboard Jungle*）里那种年纪轻轻的小流氓，又或者是马龙·白兰度和詹姆斯·迪恩，以及众多如今已湮没在往事里的其他电影明星。

同样在20世纪50年代大红大紫的是工装靴：另一个从社会底层崛起、最终影响到上流社会时尚趋势的经典案例——时尚总是这样，从来不是上流社会影响社会底层。这种靴子主要营造的是一种建筑工人的风格（也就是说，这种靴子本该是建筑工人穿的），带来这股潮流的是所谓的“垮掉的一代”，以及其他左派知识分子。从阿瑟·米勒、艾伦·金斯堡到杰克·凯鲁亚克、格雷戈里·柯索，这些剧作家和诗人都穿着这种带有乳白色橡胶鞋底和粗鞋带的浅橘黄色真皮工装靴。

这些社会底层的衣装，让“垮掉的一代”中那些愤怒而叛逆的年轻人散发出满不在乎的劳动阶层的气息。这是属于草根英雄、无产阶级反叛者的风格。你可以在全美国的陆军或海军军备商店买到这些靴子，以及蓝色格纹工装衬衫、卡其色或褐绿色的 T 恤衫、短款皮夹克，还有厚重的军装皮带。从第二次世界大战和朝鲜战争中留存下来这样成吨的物美价廉的军备用品。从曼哈顿的斯特兰德书店、哥伦比亚大学图书馆的楼梯、加州大学伯克利分校的校园、安娜堡的咖啡店，到格林尼治村的酒吧和北滩的书店，你都能看到有年轻人穿着它们，这些年轻人用这种酷酷的、散漫的穿衣方式，来试图脱离在他们看来麻木无趣、循规蹈矩到令人窒息的资产阶级生活。

牛仔靴是另一股从社会底层崛起的时尚潮流。最早穿这种高帮靴的，是内战前美国军中的骑兵军官，而在格兰德河北部平原放牧长角牛的西班牙放牧人则穿着饰有金属马刺的长靴。随着放牧这个行当成为美国的重要行业之一，再加上很多美国军队前军官从军中带来的穿着习惯，这种靴子也普及起来。特别是在内战之后，东部和南部的人为了生计都不得不冒险向西部迁徙。其中有些人最后找到的工作是在得克萨斯州广袤的土地上放牛，这些人最后成了美国有史以来最具有活力和英雄气概的群体——美国牛仔。

这个经典的形象非常值得我们进行深入探讨，因为它对后来的美国历史有着普遍的、无处不在的影响。这段被称为“大迁徙”（long drives）的时期仅持续了 30 来年，数以千计的得克萨斯长角牛从得州南部开始，沿着传奇的奇泽姆牛车道被赶往堪萨斯州的威奇托和艾比利尼。很多好莱坞电影都生动地演绎了这段历史，如《关山飞渡》（*Stagecoach*，约翰·福特，1939）

和《红河》(*Red River*，霍华德・霍克斯，1948)。基本上所有浪漫的牛仔传奇——以及他们的服装——都来自这一场迁徙。在20 世纪 30 年代，美国西部的度假牧场成了热门的旅行目的地，而 20 世纪 40 年代的好莱坞牛仔电影更是为西部传奇和小说掀起了一股怀旧的热潮。其中最深入人心的形象是“歌唱着的牛仔们”，在这些文艺作品中，罗伊・罗杰斯、吉恩・奥特里、泰克斯・里特和雷克斯・艾伦等电影或音乐明星打败了头戴黑帽子的坏蛋，吻到了心爱的女孩，然后哼着赞美荒原之美的歌谣，骑着马在夕阳中渐行渐远。从此以后，牛仔帽和他们漂亮的靴子就成了乡村音乐明星们的标配。

实际上，牛仔们在大迁徙中的生活孤独又艰苦，他们的服装也都是根据来之不易的野外生存经验设计的，可以提供有效防护，而不只是穿着装装样子。他们的宽檐帽和印花头巾是为了应付烈日暴晒和令人窒息的烟尘，坚韧的皮手套和皮裤则让他们在骑马、套绳和行走于灌木丛中时避免受伤。他们的靴子也有特别的设计，甚至可以跟枪和马鞍并称牛仔们最重要、最宝贵的财产。在 19 世纪初，西部牛仔的靴子已经演变成了和今天很接近的样子：鞋跟很高 (大约 2 英寸，踩上马镫时不会打滑)，呈锥形，重心很低，可以在你需要站稳脚跟、拉住牛群时深深地扎进土地。牛仔靴的足弓又高又紧，靴尖呈尖形，让你的脚很轻松就能踩进马镫。膝盖以下的靴筒是用厚皮革做成，保护腿部免遭马的汗液、仙人掌的尖刺、蛇的袭击、乱蹬的牛蹄等种种千奇百怪的伤害。

实际上，这些靴子唯一欠缺的现代元素就是装饰物。用今

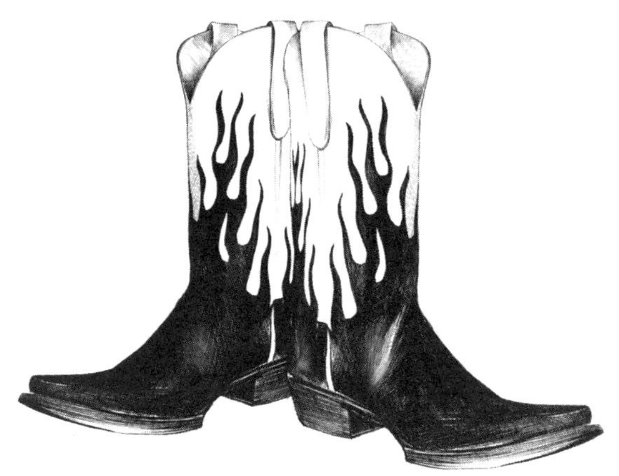

天的标准来看，它们看上去未免太朴实了。很难讲清楚那些装饰得漂漂亮亮的靴子是什么时候出现的，人们的基本共识是，当生存的需求被满足时，运动和娱乐就出现了。随着铁路的普及，人们也就不必再进行大迁徙了，奇泽姆牛车道上的牛仔们也随之成为历史、故事和传奇。大迁徙的牛仔消失了，戏剧舞台上的牛仔出现了。这是从 19 世纪 80 年代第一位牛仔之王巴克·泰勒开始的，他曾和野牛比尔表演班子一同演出，接下来是威廉·哈特、布朗科·比利·安德森和汤姆·米克思等人创作的一系列早期西部牛仔片，至此，“酷炫”的牛仔诞生了。他骑着一匹英俊潇洒、装备精良的高头大马（通常还有个讨喜的名字），身穿华丽丽的服装，之后还会弹起一把漂亮的吉他，对着某位品质纯洁、健康可爱的小姑娘深情地唱起歌谣。在他的世界里，唯一保持朴素的东西就是他的道德标准：当发现令他深恶痛绝的坏蛋和不公时，他就知道自己应该做点什么了。

美国演员汤姆·米克思率先演绎了一位头戴白帽子的侠客，不仅如此，他甚至还穿上了整套白色的服装——这种造型恐怕完全不适合在开阔的牧场里围捕牛群。当然，他脚上的那双靴子也很可能完全没有踏上过任何一片牧场：无论是要与亡命之徒搏斗，还是要赢得当地女学生的芳心，他都脚蹬一双用软皮或是进口皮革手工制作的靴子，上面还点缀着五颜六色、图案繁复的针脚和各种装饰物。有时候还要加上昂贵的银质铆钉或宝石。作为演绎这种闪亮牛仔形象的第一人，米克思被另一波白帽子侠客以迅雷不及掩耳之势赶超了，这些人同样擅长花式射击，玩起五弦的吉普森牌或是马丁牌吉他来，跟玩他们那些珍珠手柄的科尔特手枪一样得心应手。

罗伊·罗杰斯和吉恩·奥特里——哼着歌的牛仔里最出名的两个——也许创造了美国式英雄们最具有标志性的装束：镶着淡紫色过肩和袖口的深红色衬衫，搭配徽章式带袢的条纹紧身裤，全手工的皮带和银质雕花皮带扣，花哨的丝质头巾，装饰着绿松石的宽檐帽，当然还有你所能想象到的设计最繁复的靴子。他们的靴子上最显著的特征就是色彩缤纷的州花或州鸟图案，阿兹台克花纹，星光、日光或新月图形，长角牛的头，雄鹰展翅，火焰、蛇、纸牌花色、仙人掌、蝴蝶、字母组合，以及几乎一切可能进入牛仔的视野或是脑海的东西。靴尖上装饰着圆形徽章，靴筒顶部可能是锯齿形的，还带有拉环。相比之下，当代电影中的英雄在打扮上就显得漫不经心多了。

鸽灰色和奶黄色，粉蓝色和亮橙色，孔雀蓝和祖母绿，黑色和樱桃红，核桃棕和奶油色，草绿和银色——以及所有最巧妙的设计、无与伦比的技艺——在这个属于歌唱着的牛仔的美好时代处处可见。罗伊·罗杰斯穿着的通常是一双豪华的黑色鸵鸟皮靴，上面装饰有盛开的红玫瑰或是著名的红、白、蓝三色的展翅雄鹰，跟这种帝王般的奢华相比，在靴子上绣几个字母就像是小孩子闹着玩。在 20 世纪 40 年代末，圣安东尼奥（美国得克萨斯州南部城市）的卢凯塞皮靴公司（Lucchese Boot Company，美国知名皮靴制造品牌）制作了 48 双用来展示的牛仔靴，每一双都装饰着与联邦政府相对应的一个州的州议会大楼、花、鸟和州名。这个系列的靴子至今还被认为是得州这家传奇皮靴制造商在艺术上的集大成之作。

到了 20 世纪 60 年代初，美国各地的大学校园掀起了一股“福莱热潮”。1863 年创立于马萨诸塞州马尔伯勒的约翰 · A. 福莱制鞋公司——正好是一个世纪之前——以第二次世界大战期间为战士和战斗机飞行员制造的靴子而著称。但是现在，这个公司最畅销的是一种根据经典设计改造的靴子，人称“机车靴”：靴尖窄而扁，靴跟粗笨，双层鞋底，靴筒又高又直，上了油的棕褐色皮革泛着橙色的光泽，鞋面上配有系带和黄铜靴扣。简单来说，这就是一种朴实、结实的基本款工作皮靴，在问世 50 年之后逐渐变得时髦起来，在那些不能驾驭牛仔靴的人中间大肆流行。在 20 世纪七八十年代，成千上万的年轻人穿上了这种靴子，这些都市男女热情地拥抱着这种曾经属于穷人的鞋子。

还有另外两种靴子很值得一提：经典款沙漠靴和缅因鸭掌靴。前者是那种最简单的低帮粗皮靴的变种，在很多种不同的文化中都有它的身影。这种靴子由一只鞋底和两片皮子组成：前面一片包括脚背、鞋面和鞋舌，另一片齐脚踝高的皮包裹着整只脚，组成靴子的侧面和后面。这种风格的靴子有时会被称为查卡马球靴，因为据说最早是印度的马球运动员们穿着这种靴子（在马球运动中，“查卡”是比赛中的某个阶段）。

我们今天所熟知的沙漠靴最早产自爱尔兰鞋履制造公司其乐（Clarks）。公司创始人的儿子之一内森 · 克拉克在第二次世界大战时是一名士兵，他注意到了英国第八集团军的军官们在休息时间所穿的靴子。英国陆军元帅伯纳德 · 蒙哥马利在第二次阿拉曼战役中击败了非洲装甲军，北非战争结束后，英国士兵们从开罗的集市上买来了这些低调的基本款靴子。内森 · 克拉克也给自己买了一双，在退役回家后，他说服自己的父亲生产了一小批基本的两片式、四鞋眼靴子，还要用上他在海外看见过的那种土黄色翻毛皮和轻质橡胶底。

其乐公司在1949年的芝加哥鞋博会上展示了这种靴子的样品，瞬间就大获成功，在接下来的6年时间里这种靴子大为流行，无论是年轻的嬉皮士还是大学生们都对它青睐有加。这种靴子通常和另一种同样来自英国军队、同样与蒙哥马利有点关系的服装单品搭配在一起：他有时在拍照时穿的格拉夫沃牛角扣大衣。嬉皮士会搭配窄腿裤，有时还会用液体鞋油把靴子染成深棕色或是黑色。现在你已经不需要这么做了，因为除了经典的土黄色翻毛皮之外，其乐公司也生产其他颜色的靴子。这种舒适、便宜、休闲的鞋履如今已经遍布全世界。

最后我们要讨论的是 L. L. 比恩公司的创始人里昂·里昂伍德·比恩，以及他那风靡全球的鸭掌靴。比恩是那种典型的美国人：企业家、新英格兰地区的运动爱好者，以及具有实用精神的发明家。他的故事是这样的：他非常热衷于在缅因州不伦瑞克的家附近的沼泽水域打猎，一开始穿的是传统的涂油皮革狩猎靴。不幸的是，这些靴子不能长时间防水，而比恩就经常在傍晚拖着一双冷冰冰、湿漉漉的脚回家。他开始动脑筋解决这个问题，最后想到可以在橡胶鞋上再缝一层皮革的主意。1912年，他在经过几番尝试后，终于设计出了一个理想的模型。他称这个为他的“缅因狩猎鞋”，并由此开始创建了一个不错的小型企业。

几乎是顺理成章的，这种标志性的靴子——经常被称为

“鸭掌靴”，还有十几种仿制品——在现在已经成了真正的时尚单品，在世界各地的校园、时尚T台和都市街头，当然还有新英格兰州的沼泽池塘里，都能看见它的身影。从这家公司的网站上你可以看见，鸭掌靴的销量在距离它诞生正好100年的2012年达到了500万双。今天，L. L. 比恩公司销售一系列不同颜色和材质的鸭掌靴，从戈尔特斯面料（Gore-Tex，美国W.L.Gore公司独家发明和生产的一种轻、薄、坚固和耐用的薄膜，具有防水、透气和防风功能）、新雪丽保温棉（美国3M公司的产品，一种高科技的新型保暖材料）到羊毛衬里，但是就像他们所说的那样，这所有的靴子都是“缅因制造，每次一双”。

3

蝴蝶结领结

BOW TIES

我觉得我们最好一上来就搞清楚这一点：你可以给自己打一个蝴蝶结领结。如果我听到哪个成年男人说他做不到，也许我会开枪打死我自己。

让我们理智一点。你整天都在打结：你的鞋带、包装袋，甚至是垃圾袋。蝴蝶结领结只不过是一种打在脖子上的结而已。我甚至不想在这里给你放一张演示图表——我没有义务照顾这种不成熟的行为。关于打蝴蝶结领结，唯一的困难之处在于你从镜子里看到的东西是反过来的。仅此而已。

你真的没有任何别的借口了。买一个蝴蝶结领结（我会在一个或者三个段落之内谈到这一点），然后开始练习。打领结的精髓在于某种潇洒不羁的态度（参见第 22 章）。要打得有一点点松垮，边缘也要有一点点毛糙，还要有一点点不对称——这就对了。一种凌乱的优雅。完美的对称可不是我们追求的目标，还是把它留给那些过于追求完美细节的肛门滞留人格的朋友吧。

这又让我想到了另一个问题：在任何情况下，你都绝对不要买一个事先打好的蝴蝶结领结。一个真正是你亲手打的领结和一个买来就打好的领结，二者之间有着显著的差异：事先打好的领结看起来总是过于完美——领结有点太对称、太工整、太无瑕。我不喜欢这么说，但事实就是这样：那些服装精们能从一个事先打好的领结上一眼就看出，你是个生瓜蛋子。

你也不能像我们中的很多人曾经那样，忽视了蝴蝶结领结。在 20 世纪后半叶的大部分时间里，蝴蝶结领结被认为是专属于穿粗花呢的教授、编辑和无政府主义倾向知识分子的。不过在千禧年前夕，出现了一波非常酷的年轻人，他们热爱所有涡纹图案的丝绸领结，从亮橙色、黄色和孔雀蓝，到规整的波尔卡圆点或是宽条纹。这真令人提神醒脑，尽管这是——就像我怀疑的那样——出于当时那种愚蠢观念：要用四手结来搭配晚礼服。倒不是说所有用四手结搭配晚礼服的人都要被鞭打一顿或是避而远之。只是那些热衷于此道的小家伙们实在是有点无知。他们只会按照别人说的去做——这里的"别人"显然是一些出了名没有品位的时装设计师——然而蝴蝶结领结却自有一套规矩。

领结配晚礼服，这是一种尊重传统的标志性搭配，但你若是要在白天这么穿，就会流露出一种花花公子的个人主义气质。也许这就是为什么最近这么穿的人越来越多——现在人们在穿衣打扮上确实是相当的个人主义的。如何才能吸引眼球却不离奇古怪，富有新意却依然尊重传统，这是所有中正平和的穿衣者对搭配的最高追求。

如果你要打一个蝴蝶结领结，形状至关重要。在 19 世纪，男人们会佩戴各种各样的领巾——宽领带、波洛领带、围巾式领带、阿斯科特式领带（其中的大部分都在第 1 章有所涉及）——但是直到 19 世纪 80 年代更长的领带（也就是现在最普遍的四手结领带）得到重视之前，蝴蝶结领结几乎是其中的佼佼者。在此之后，蝴蝶结领结的两种基本造型就差不多固定下来了，无论哪种都是正确的打法。也许看起来有点复杂，但其实真的很简单。蝴蝶结（有时被称为"经典结"）从中心到两端逐渐展开，就像是蝴蝶翅膀的形状。这种结的末端可以是直的，也可以是钻石底部那种尖形的。平直结（有时被称为"俱乐部

结”）的两条边都直直地伸展出去，末端是方形的。

蝴蝶结领结的两种基本形状并不是什么国际大事，但从中你也能看出一个人的个性。你肯定也愿意向别人展现自己对细节的关注。也许现在最有型的打法是打一个颜色明亮的小型平直结，领结要打得有点松，实现一种微妙的，同时又显而易见的随意感。这跟曾几何时人们对领结那种古板、保守的看法相去甚远。现在，老派的波希米亚风情、知识分子气息，再加上一点点男孩子气的趣味，融合成了一种别样的魅力。也许我会用“顽皮”来形容它。

至于面料，在过去的岁月里，人们曾拿所能想象的一切面料来制作颈饰，但丝绸显然是标准答案。如果考虑到更极端的气候，你还可以在寒冷的冬天使用羊毛毛料，在炎热的夏天使用马德拉斯布薄棉布。更重要的是，与那些现成的四手结不同，蝴蝶结领结是有尺码的，也就是说领结后的系带要适合你脖子的尺寸。看看系带的内侧，那里被缝进一条固定长度的细带，连接着一个 T 形的金属调节扣，非常巧妙。即使是最便宜的蝴蝶结领结也应该有这样一个调节扣。

说一千道一万，关于蝴蝶结领结最重要的守则都写在了巴尔扎克那本关于颈饰的可爱小书《领巾的艺术》（*The Art of Tying the Cravat*）中：“无论打算用领巾打造出怎样的风格，当你打好了一个结之后（不管打得好或者坏），无论如何都不要试着改动它了。”也就是说，打好它，或者算了吧。

4

商务着装

BUSINESS ATTIRE

我们都听说过这样的道理：别根据封面来判断一本书，也别根据标签来判断一瓶酒。我们总是这么说，正是因为我们总是根据外表来下判断。似乎我们的时间越来越少，行程越来越满，会议越来越频繁，要回复的邮件、要进行的社交、要完成的任务越来越多，无休无止。在工作日，时间成了最宝贵的财富。谁还有时间或精力去细细探索在一顿快速的商务会餐中认识的人呢？我们只来得及微笑、寒暄，说着“很高兴认识你、希望能进行合作”。关于内心的部分就留给精神科医生和那些比我们更擅长的人吧。

有意思的是，直到工业革命，人们都有着一套明确的、常规的方法来应付这个难题：他们把自己的生活分成公共领域和私人领域。在公共领域，他们按照社会秩序和自己的角色来穿衣说话；在私人领域，他们和亲朋好友在一起，按照自己的喜好来穿着和行事。据说切斯特菲尔德勋爵说过这样一句被广泛引用的名言：“不要根据人们的外表过多地挖掘他们的内心。如果你把其他人看作是他们自己，而不是他们真正的自己，生活就会容易得多。”你可能会觉得这有点讽刺，但是想想其中的深意吧。我们都知道，在富兰克林·罗斯福的四届总统任期中，媒体记者形成了一种普遍的、有礼的共识——不要讨论总统的健康状况，这种共识后来被证明是一件大大的好事。那么在今天还有可能形成这种共识吗？很可能不会。

在理查德·森内特（Richard Sennett）的大作《公共人的衰落》（*The Fall of Public Man*）中，他说我们已经失却了在公共生活和私人生活之间的界线。这条界线的模糊是拜当今那些无所不在的媒体所赐，发现秘密—被迫坦白也成了今时今日的常规项目。至少在穿着打扮和行为举止这两方面，我们所有人都没有办法再维持合理的、略显造作的公众形象，以及私密的、真实的私人生活。

随着工业革命的开展和大城市中产阶级的崛起，人们放弃了对于华丽服装的追求，并开始以一种全新的方式看待彼此。就像森内特所说的那样，“人们非常严肃地打量着大街上其他人的穿着，他们相信这样就可以了解这些人的性格。但是他们看见的只是一些高度同质化的单调服装而已。想要通过一个人的外在去了解他，就更需要注重细节。”

着装一直是公共生活不可或缺的一部分。实际上，要不是因为有了公共领域，可能根本没人会像我们今天这样穿衣打扮。多年来，有很多种学说尝试着解释为什么人类要穿衣服。有些人说是为了体面；有些人说是为了区分开不同性别（这和体面学说有异曲同工之妙）；还有人说是为了舒适和防止受到伤害，或是强调身体上的性感地带等，不一而足。

但是实际上人们穿衣服是出于身份的考虑，为了彰显自己在社会阶层中的位置。如果我们仅仅是出于体面或是防护而穿衣，那我们大可以让所有人都套上同样的弹道尼龙布袋子。不过这样一来，肯定有人会想要不同颜色的弹道尼龙布袋子，不是吗？有人想要体现出个性，这就产生了差异。这是因为，我们想要在人群中脱颖而出。我们想体现出自己的风格。我们希望被当作是与众不同的那个，这似乎是一种文明发展的结果。不过这也从根本上体现了我们这个物种的生物本能。历史上不断地出现一些想要穿得比自己所在阶层更好的人，同时也出现了制止这些人的人。后者扛着“反奢侈”的大旗，而前者则被称为“暴发户”，所有人都可以理直气壮地——尽管可能并没有什么道理——鄙视他们。

我们就这样以各种不同的形式被划分到各个社会阶层中。在现代世界中，我们想要的就是一个有序的社会，就像杰里米·边沁（Jeremy Bentham，1748—1832，英国法理学家、功利主义哲学家、经济学家和社会改革者）所说的那样，一个稳定的社会结构可以为最大部分人提供最大的福利。我们相信政府的第一要务就是保障国内安定——大自然可不会给我们提供丰富的物资，以保证国家的安定——接下来我们要做的就是创建一个对每个人都好的社会秩序。不过有些人可以从这套系统中获得比别人更多的好处，那些觉得自己被落下了的人又会试着利用游戏规则来重获优势。

这种人性本能主要在两方面与我们的着装有关。首先，如果你想要给一个人下定义，看他的穿着是最直接的方法。如果路易十四走进房间时身后拖曳着几码长的白貂皮，身上披着猩红色的天鹅绒，浑身还点缀着金色的刺绣，这简直太天经地义了。但是在一个民主国家，甚至是今天的君主立宪国家，就不会有人穿戴得如此华丽和浮夸，我们用穿着来表达自己的方式要微妙和平等得多。但我们还是希望领导人能看上去就像个领导人的样子，即使在最推崇共产主义的社会里，领导人看上去也要比办公室里的帮工更加干净利索一些。

然而奇怪的是，现如今很多专业人士倒是穿得很像办公室帮工一样，尽管他们并不属于这个社会阶层。在过去的一百来年里，着装方面最明显的趋势就是追求舒适，对此最好的证明就是人们那些越来越休闲化的衣橱，以及越来越不流行的定制服装。在过去的半个世纪里，我们一直试图抛弃西装和领带并掀起一场着装的民主化革命，想在拥有一个休闲化衣橱的同时依然保有尊严。问题是，当我们都穿着同样的运动衫、牛仔裤和跑鞋时，怎么还能彰显自己的个性？

接下来的问题是：我们希望被如何看待？我们应该怎样穿衣打扮，才能树立我们理想中的形象？在最典型的公司环境下，着装是一种职业的工具，一种至关重要的宣言，对外宣告我们是谁，我们又希望在工作和社交中成为谁。人们对于着装和修容的重视可能令你难以觉察，也可能令你难以忽视，而这正说明了注重外表的重要性——如果你忽视了这一点，后果自负。

我们的外表其实是一种语言，就像其他任何一种语言一样，它应该：(1) 对于观众、场合和目的来说是合适的；(2) 不会传递令人混淆的信息。不久之前我刚刚温习了这两条原则，当时我的一个熟人刚从德国的一个贸易展览会上回来，告诉我他的团队——代表着美国一家大型的工业企业——在竞标中的表现。"我都没意识到，"他伤心地说，"我们的人穿得有多么可怕。其他国家的很多公司，无论是英国的、北欧的还是日本的，都穿着精心定制的西装外套，打着漂亮的领带。而我们的人则穿着半旧的化纤运动外套和口袋卡其裤。于是一上来我们就遭到了严重的心理打击，并且自此一蹶不振。"

我告诉他，他的团队做不成生意一点也不奇怪（我简直懒得跟他说“我早就告诉过你啦”)。你身上穿的衣服会跟别人谈论你，就像其他几种含糊而微妙的沟通方式一样，告诉别人你属于这个群体还是那个群体，而衣服所使用的语言就是那个群体的语言，这种语言可以是广义上的（比如说社会学意义上的群体差别），也可以是狭义上的（比如说有些工作会要求你穿上特定的制服）。最重要的一个问题是：你希望被当作哪个群体，或者哪几个群体的成员？

无论这个群体是一支大学篮球队还是一个公司的管理层，在群体的内部总是有规则的，这使得每个人都能一眼看出谁是群体成员，谁不是。当然，规则也有例外，也有每个人不同的演绎，因此群体内部各个成员的着装可能会有微妙的差别。微妙的差别，也是当代着装很关键的一点，想想一个文艺复兴时代的公主，和一个当代社会的总统之间着装的差别吧。一个工业化国家的领导人所拥有的权力足以让路易十四嫉妒死，但他的穿着却跟一个成功的商人基本没什么两样。当然在某种意义上，你也可以说他就是一个成功的商人。

如果你为了实现目标而选择了正确的着装，就像我那个朋友所意识到的那样，它给你带来的影响是心理性的：自信心。正确的着装可以让我们避免传达出负面或是混淆的信息，不再为此感到焦虑或是有负担。如果你的穿着打扮是高效、自信和舒适的，你就会被另眼相看——天赋、高效、美德、技能、忠诚——而你也应该被这样看待。这不是说你必须拥有一个巨大的、昂贵的衣橱，或者是成为一个花花公子，或者是其他什么。你所需要的就是高效、正确地穿衣。

我并不习惯给人很多时尚建议，因为我对于瞬息万变、高调浮夸的时尚潮流不怎么感兴趣（你知道，时髦人是永远闲不住的）。在这里，我想分享的不是什么技术性的小技巧——那种关于裤管长度或是皮带扣要跟袖扣配套的老生常谈——而是一些关于如何在商务场合着装打扮的实用而宝贵的经验。最实用的知识是那种你能在菜谱里看到的东西。就像那些诀窍一样，以下这些经验不仅仅正确——我告诉你的一切都是正确的——而且实用。

经验之谈

1. 简约是一种美德。你的衣服不应该比你更加令人印象深刻。它们应该衬托你，而不是抢走你的风头。不要追逐时装趋势和时髦点，也不要搞什么浮夸造型和任何噱头，这些都会分散那些本该属于你的注意力。

2. 永远要买你能买得起的最好的东西。你不应该只注意到购买时的花费，还要考虑到衣物的耐用性和它们所带给你的满足感。一双好鞋子比便宜的鞋子更耐穿，而且即使它穿旧了，也比一双新的廉价货看起来更好。投资优质产品就等于省钱。

3. 坚持舒适原则。如果你穿着的衣服让你不舒服，你会让别人也不舒服，这样大家都没法好好发挥。今时今日，我们犯不着为了时尚或尊严牺牲舒适度。

4. 永远要根据场合和环境选择得体的穿着。

5. 合身是着装的第一要务：好好了解你的体型，在穿衣打扮时扬长避短。如果不合身，那么即使是一套用世界上最好的面料制作的西装也是糟糕的选择。

6. 有一条普适的原则，永远不要穿戴任何廉价、花哨、闪亮或是人造材质的衣物。

7. 我们坚信，一个投资经理就应该看上去像一个投资经理，我可不想把自己辛苦赚来的血汗钱交给一个看上去疑似瘾君子的人。值得提醒的是，倒不是说我对瘾君子有什么意见——我只是不想把自己的钱交到他们手上。

重大失误

1. 用力过度：如果所有的东西都是配套的，那看上去就有点像制服了，太刻意，也太高调自我。个性应该在不为人知处悄悄彰显。

2. 太多配饰：就像是把所有的瓷器一股脑儿都放在桌上，太拥挤，也是一种没有安全感的信号。戴安娜・弗里兰[1]（Diana Vreeland）曾说过一条至理名言：风格之道，在于取舍。这一点在今天看来特别正确，毕竟我们身处一个物质过剩的时代。

3. 使用过多的印花：这样一来，你的整体搭配就像一个超负荷的电路，会迅速起火并引起人们的注意。印花也像是一种伪装，物体的界限被模糊，注意力都被吸引到了错误的地方。

4. 过分低调：外在的平淡无味，意味着内在的平淡无味。除非你真的非常帅——像加里・格兰特那么帅，才有资格像他

---

1. 戴安娜・弗里兰：著名时尚专栏作家与编辑，曾任 *Vogue* 与《时尚芭莎》杂志时尚编辑及纽约大都会博物馆服饰研究院顾问。——译者注

一样以低调的单色系作为自己的标志性穿着——不然的话，还是给自己的衣着设计一个精妙的独到之处吧。

常见问题

1. 我算是对自己的个人风格有比较清楚的了解吗？

这是一个相当基础的问题，能引发以下思考：我是从哪里得到灵感，希望把自己打造成某种形象的？我会如何看待别人对我的看法？我在买衣服的时候会考虑自己的经济实力吗？我希望对外界传达出怎样的形象——或者说，怎样的价值？我希望传达的形象中，各个组成部分是否搭配和谐？我的形象和我的专业、社交生活以及个性是否匹配？

2. 对于公司里的商务人士来说：我的个人形象是否能代表我们公司的形象、产品或是服务？我是否真正理解了公司在全球范围内的影响及形象？

虽然坚持个性值得赞赏和支持，但我们还是应该谨慎对待自己所代表的公司形象。如果你接受了一个大型律师事务所的职位，那里其他的律师都西装革履，那你在穿着方面也就没什么发挥余地了，想在这条大船上兴风作浪的人，可得当心其他人把你丢下船去。遵守团队的规则是最重要的。

3. 我应该怎么买衣服？

在你很年轻的时候，也许就已经形成了根深蒂固的购物习惯，这就像是一种心理陷阱，让你难以逃脱。这里有一些能让你更了解自己的问题：我需要给自己买衣服吗？我这样做多久了？我享受购物的经历吗？我为什么选择在这里买衣服？我在给衣橱添置衣物时会感到迷惑吗？我又希望自己的衣橱是什么样的？我对于自己的穿着感到满意和开心吗？我是否明白什么样才算有质感，各种单品应该怎样搭配，又该怎样和店里的销售人士交流？

4. 对于选择穿着，我会有怎样实际的考虑？

我在这里说的“实际”，指的是真正穿上这些衣服时可能遇到的问题。我对什么面料过敏吗？我对于什么样的风格感到不舒服、不自信，或是根本不理解？我觉得自己穿什么颜色不好看，或者穿什么图案不大对劲儿？

实际操作建议

1. 混合不同年代的风格

让美丽的复古单品也焕发出时髦而现代的魅力。这表明你对于旧世界的手工艺、对于经得起考验的物件、对于风格而不是转瞬即逝的流行感到由衷的自豪。不要简单模仿过去的风格，要展示出你对它的珍视。

2. 混合不同地域的风格

伟大的造型师都喜欢用不同的风格营造出冲突的效果，比方说用一件巴伯狩猎旧大衣搭配都市西装或是精心定制的粗花呢夹克和牛仔裤。在一件沉闷的西装外套里穿一件鲜亮的格子衬衫，或者用一条活泼的领带搭配传统的薄外套，这都没错。吉亚尼·阿涅利，一位伟大的着装专家——如果真的有这种专家——就喜欢用狩猎靴来搭配外出西装。这又让我们想起了另一点：现如今尽管没有那么多人被强制要求穿制服，但还是有很多人出于自愿的选择穿上了高度雷同的“制服”——比方说深色西装、白色衬衫、不伦不类的领带和黑色布洛克鞋。

3. 混合不同的品牌

简单说来就是：那些从头到脚都穿着同一个品牌衣物的人，通常会被认为是没有任何品位和想象力的。

4. 全球化

现如今，我们待在机场的时间几乎要比在家的时间多：今天在香港，明天在纽约、里约或是米兰。我们的着装最好能呈现出一种全球化的品位，在不同的文化中都能被理解。国际商务人士可能在全世界任何一个地方开会。只有那些绝对相信自己家乡就是世界中心的人，才能够忽略全球化的压力和影响。

5. 态度

你有什么理由能够阻止一个人从自己的着装中获得愉悦和满足？这可以让人获得归属感和安全感。自信点，穿得让自己舒服就行——但要记住最重要的还是要穿得得体。愉悦也应该有个度。

5

手工艺

CRAFTSMANSHIP

深谙品质之道的人会去买最好的东西，与其说他们是去花钱，不如说这是省钱。我最早是从一位伟大的衬衫制造商，弗雷德·卡尔卡尼奥（Fred Calcagno）那里学到这一课的。弗雷德是佩克公司（Pec & Company）的老板，小工作室开在曼哈顿的西 57 街。他能做出最美的衬衫，加里·格兰特、亚里士多德·奥纳西斯和几个洛克菲勒家族成员都是他的客户。

我认为弗雷德的生意做得很好。但是他最厉害的一点在于，就像所有真正的工匠那样，他真心热爱自己的工作，并且深深地以此为荣。他沉迷于工作的一切细节和考量之中，比方说，他会确保袖口的宽度正好适合客户的手腕粗细——凡此种种。有一天我去拜访他时，他正在给一位客户送来的一叠旧衬衫安装新的衣领和衣袖。这位客户，恰好是洛克菲勒兄弟中的一个。我猜那是当时大通曼哈顿银行的主席。

“这太有意思了，”弗雷德沉思着说，“这些衬衫是很久以前我给他做的，每隔几年，他都会把这些衬衫寄给我，让我帮他更换磨损的衣领和袖子。这个主意很不错，因为衣服的其他部分还是像新的一样。他买这些衣服可真是划算。”弗雷德这么说，并不是为了没能向客户卖出全新的衬衫而遗憾，而是在称赞这位懂得品质之道的人。这就是工匠和那种只想跟你兜售点什么的销售之间的区别。一个真正的工匠总是想让自己的产品——以及你——变得更好。

关于手工艺的书主要可以分成两类。第一类极其学术，充满了晦涩难懂的哲学——社会学术语，而另一类则极其琐碎，讨论的都是些诸如如何从制鞋中获得乐趣和利润的话题。在这

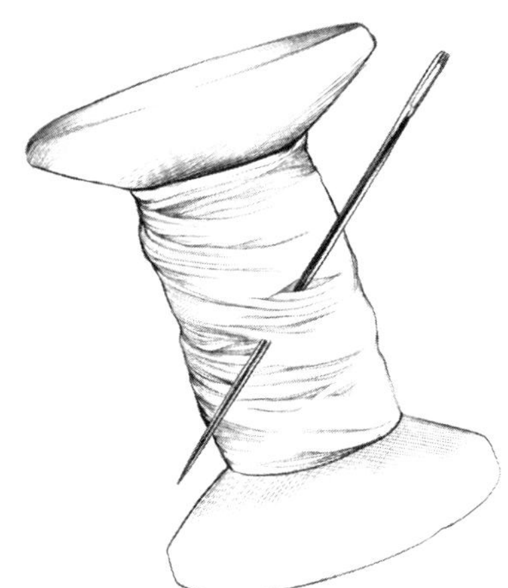

里我只想对手工艺进行一番简单浅显的讨论，我的角度与以上两者皆不相同，主要讨论的是工匠精益求精的精神。在服装领域，我对于工匠一向推崇备至——裁缝、制鞋匠和衬衫制造商之类的——并且发现工匠们的工作室实在是一个迷人的地方。

我必须向你们介绍几本在这个领域内具有高度可读性，同时也非常值得一读的书。关于手工艺的书，我的最爱是托马斯·戈尔丁的杰作《杰出的创造者：城镇绅士的供应商》（*Makers of Distinction: Suppliers to the Town & Country Gentleman*，1959）。阅读这本书就像是经历一场奇妙的旅行，带你走进历史上这些为英国绅士提供日常服装和运动装备之工匠的生活中去探索一番。比方说，当他谈论伦敦那些卓越的制鞋匠、裁缝和他们的店铺时，你简直能闻到皮革和杂色粗花呢的味道。这本书就是对那个消逝的世界的惊鸿一瞥。

理查德·森内特的《工匠》（*The Craftsman*，2008）要更学术一些，但依然非常好读。著名社会学家森内特认为，工匠就像是一种艺术家，兼具手工劳动的娴熟技巧和我们大多数人早已抛诸脑后的工作伦理。整本书的主要内容是工匠都在做些什么，以及我们为什么应该重视他们的价值，不啻为一项精彩的研究。

此外我也非常喜欢阿尔多·洛伦茨的回忆录《蒙提拿破仑街上的那家店》（*Ulrico Hoepli Editore*, 2008）。洛伦茨的父亲于1929年在米兰开了一家刀具店，这家店在2014年停业之前一直是世界上最出名的购买剃刀、刮面刀和其他刀具的地方。这本书证明了这位来自伦蒂纳山谷（Rendena Valley）——曾几何时那里的每个家庭都出了个磨刀匠——的磨刀匠之子，对于手工艺所具有的强烈热爱。

我还想向你们推荐一部好电影《师傅》(*O'Mast*)，由意大利纪录片电影制作者吉安卢卡·米格利亚洛蒂导演和制作。这是一部关于那不勒斯裁缝业的纪录片。电影中，米格利亚洛蒂让那些专业工匠讲述自己的故事，而他们也对自己的专业和艺术展现出了令人难以置信的热忱。这真的是一部振奋人心的电影作品。

每当我开始思考关于手工艺的问题时，就会想起19世纪德国诗人海因里希·海涅写的一封信，当时他正和一位朋友徒步旅行，参观法国各地的大教堂。沿途他写信回家，在信中描述旅行中的见闻，当他们最终来到宏伟壮观的亚眠大教堂时，他记录下了这段对话："当我最近和一位朋友站在亚眠大教堂前时，他问我为什么现在我们再也造不出这样的作品了。我回答说：'亲爱的阿方斯，那时候的人有信念。现在的我们有观点。只有观点，你是建不成大教堂的。'"

那些工匠勤勤恳恳地劳作、练习、接受训练，直到他们的手、心和大脑合为一体，以此将他们热爱的传统延续下去。从某种意义上说，这些男人和女人与大教堂的建造者是一样的。他们有着同样的精神，可以说他们的情感投入也是一样的。他们对于质量有着不懈的追求，希望能创造出你所能想到、所能做出的尽善尽美的东西，这和光想着越多越好、越快越好的制造商有着本质的区别。二者有着云泥之别。

让我来具体地说说。我曾参观过米兰一个著名的衬衫制造

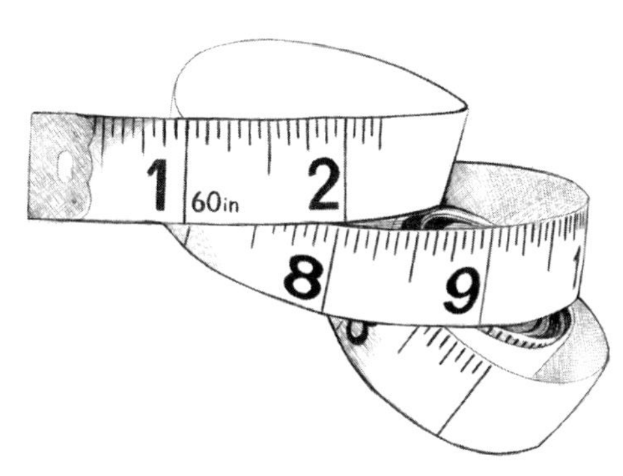
1
60in
2
8
9

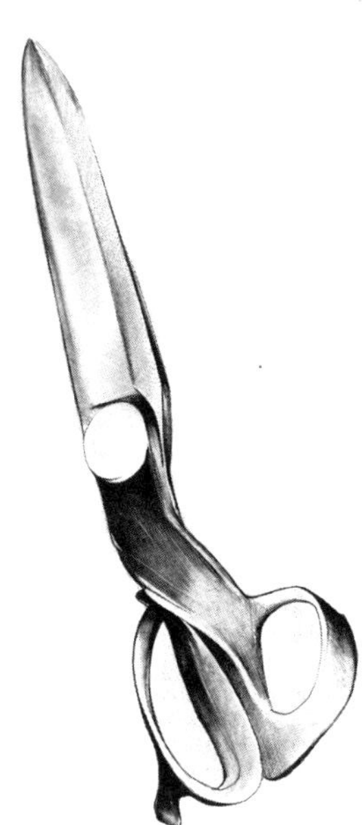

商的店。这家店散发着一种典型的来自旧世界的魅力：古老的波斯地毯，散发着古老光泽的壁板，成卷的细棉、亚麻和丝绸堆在架子上，几乎有天花板那么高，还有复古的黄铜壁灯。我正在和店主讨论如何制作出一件完美的衬衫，忽然在角落里看见了一位老人——看上去 80 多岁，甚至 90 出头——他正俯在绘图桌的桌面前，用一把巨大的裁缝剪刀剪出一些图样。原来这是店主的父亲，我要不要去见见他？乐意至极。然后我就立刻被介绍给这位老先生了。

老先生目光敏锐，双手灵活，手工也相当漂亮。我不会说意大利语，就让他的儿子帮我翻译问他父亲的问题：能制作出如此美丽的衬衫，有什么秘诀吗？他们简短地交流了几句，他的儿子笑着回答我说："我的父亲让我告诉你，他是带着爱来裁剪的。"

对于那些愤世嫉俗的人来说，这个回答很可能并不让人满意。但是我很满意，因为这很能说明这位工匠是如何看待他的工作、他的客户以及他自己的。他是真心为能够把一件事情做到臻于完美而感到自豪，并从中获得巨大的成就感。当然，对于制衣工匠来说，能和客户建立起亲密的关系，帮助他们看上去更好看、自我感觉更好，这也让他们获得了巨大的成就感。这种关系甚至能比婚姻关系更长久，也更让人舒服。

曾有人对于手工艺制作和现代化大规模生产之间的差异发表过一番著名的言论，我们应该在此引用这段名言："这个世界上无论什么东西，都有人能把它做得更粗制滥造一些，然后再卖得更廉价一些。而那些只考虑价格的人，就是这些制造商合法的捕猎目标。”这里的关键词是“合法”。在伟大的民主智慧中，法律假设我们都有接受教育的能力，都能为自己的日常生活负责，也就是说购物者只能自己小心。这些工匠对于质量充满了向往和热情，总是去努力做到最好，并拒绝目光短浅和粗制滥造的产品，他们值得我们尊重、钦佩和拥护。

145
146
147

6

牛仔布

DENIM

关于牛仔布，前人已经写了太多太多，这也让我一时不知该从何落笔。不过我打算从新泽西州的米尔顿开始。奇怪，也许你会这么想——那就让我赶紧给你解释解释吧。

坊间已经有太多的传言可以解释以下单品是如何流行起来的：被称为“牛仔布”的面料（“denim”来自法国小镇“de Nîmes”的名字，19 世纪时这个小镇大量出产这种面料）、被称为丹宁裤的裤子、工装裤（“dungarees”来自印地语“dungri”）、牛仔裤（来自“Genes”，热那亚的法语旧称）和李维斯（以流动摊贩和美国布料生产商李维·施特劳斯命名，不要跟法国社会人类学家和社会结构论的代表人物李维·施特劳斯搞混了，你懂的）。有些人会把牛仔布归功于 1849 年的加利福尼亚淘金热，这一事件让年轻的巴伐利亚服装和布料小贩从纽约搬去旧金山，希望能把自己的货物贩卖给迅速汇集于此的矿工们。还有人指出，西奥多·罗斯福和国家公园体系的兴起对此亦有贡献，这让好奇的游客们来到西部，看见了西部居民的穿着。

还有人认为牛仔裤在美国的兴起始于两次世界大战期间，当时西部人口大大增加，度假农场成了热门旅行目的地，乡村音乐开始为人所知，牛仔的形象也在工业革命到来之时、大迁徙永远地结束之后被人们浪漫化了。一代人的工作服成了下一代人的休闲装，就像是一代人的工作会变成下一代人的娱乐项目。

这时候，我的理论（以及新泽西）就要粉墨登场了。这只是一种说法，但我把它称为理论，这样可能更令人印象深刻一些。我觉得关于工业革命、西部大开发、黄石公园和蒙大拿州的度假农场的理论都有道理，但我自己的第一感觉是，关于牛仔的浪漫形象始于一个叫作埃德温·S. 波特的天才男人。波特导演和拍摄了第一部西部动作电影——一部被称为《火车大劫案》（*The Great Train Robbery*）的 12 分钟短片。有点好笑又有点讽刺的是，这部开天辟地、至关重要的西部片实际上是在新泽西的米尔顿拍摄的，就在距离州首府特伦顿半个小时路程之外的松林和灌木丛之间。

在我看来，西部电影类型片的流行也让西部的服装成为热门。牛仔裤、牛仔靴、可以装得下 10 加仑的毡帽、鹿皮的农场夹克、花哨的头巾，凡此种种，都是源自西部的传统服装。它们历史悠久。《火车大劫案》让“野牛”·比利·安德森成了早期的电影明星，紧接着在 1913 年上映的热门电影《红妻白夫》又让导演塞西尔·戴米尔成了家喻户晓的明星。当加里·库珀——连同约翰·韦恩，并称为好莱坞最具有代表性的牛仔明星——出演 1929 年的电影《英豪本色》（*The Virginian*）时（早在有声电影出现之前，他就已经出演了至少六七部西部片），汤姆·米克思和威廉·哈特这些扮演牛仔的演员已经靠出演西部片赚了一大笔，西部片的黄金时代也即将到来。从约翰·福特的镜头中悲怆的犹他州纪念碑谷，到瑟吉欧·莱昂那些烟尘滚滚的意大利西部传奇，西部片已经成了一种主流的电影类型，其中还诞生了一些最伟大的电影：《乱世英杰》（*The Plainsman*）、《关山飞渡》《原野奇侠》（*Shane*）、《正午迷情》（*High Noon*）、《日落狂沙》（*The Searchers*）、《红河》《独眼龙》（*One-Eyed Jacks*）、《荒野浪子》（*High Plains Drifter*）和《不可饶恕》（*Unforgiven*）等，在此就不一一罗列了。这些电影中的牛仔要么是

"迷幻牛郎"[1]类型的——像是罗伊·罗杰斯和吉恩·奥特里那种，身穿花哨的绣花衬衫、装饰华丽的靴子和白色帽子——或是更符合史实的那种，身穿朴实无华的牛仔裤和粗犷的皮靴，就像平原上的牛仔们会穿着去讨生活的那种衣服。

牛仔布是一种染成靛蓝色的结实的斜纹布，最早产自法国和印度，在加州北部淘金者中大受欢迎。李维·施特劳斯——他的故事已经广为人知并载入史册——带着成捆成捆沉重的帆布一路向西，希望能把它们做成帐篷卖给没有固定居所的淘金者们。结果帐篷卖不出去，裤子倒是很受欢迎，极具企业家精神的李维好好利用手头的帆布，赚了一笔。帆布用完以后，他又向居住在纽约的兄弟们求助，他们给他寄来了更多染成靛蓝色的法国棉布（来自尼姆）。

接下来，一个叫作雅各布·戴维斯的内华达裁缝开启了另一段传奇，他让李维在19世纪60年代卖的那种牛仔裤变成了我们今天穿着的样子。1872年，戴维斯写了一封信给李维（我称呼他为李维，因为他就是以这个名字闻名于世的，要不然我们就会把他发明的牛仔裤称为施特劳斯了，不是吗），跟他说可以改进一下这种裤子，在裤子口袋的四角和其他受力点钉上黄铜铆钉。同一年，他和李维还开始在裤子的后口袋上缝上标志性的橘色弧形双线。据说这是第一个拥有自己Logo的美国产品。

除了这些细微的改动，今天你所能买到的李维斯牛仔裤跟

1. 迷幻牛郎：drugstore，出自电影《迷幻牛郎》（*The Drug Store Cowboy*），1925年牛仔喜剧片。——译者注

一个世纪前的那些差不了多少：大约重 11 盎司，靛蓝色斜纹棉布，两侧各有一个 J 形裤兜，右边那个还带一个小小的零钱兜，两个后口袋是勋章形设计；受力点的黄铜铆钉、前裆处的金属牛仔扣和其他零件都用橘色粗线缝制。整条裤子裁剪修身、笔直，前幅较短而后幅较长，两侧各有一条织边线。根据这种李维斯牛仔裤稍做一点改动很容易，但想要改进它就很难：忘掉这些年来不断出现又不断消失的各种花样牛仔裤吧，最经典的这种才是真正的牛仔裤。

之后的历史就要简单明了得多了。在 20 世纪 70 年代设计师们进入牛仔裤领域之前，美国基本上只有三家牛仔裤生产商：李维·施特劳斯、威格和李。每个年轻人都能从裤子的后兜一眼看出区别——李维斯有双弧线，威格是一个 W，而李则是双波浪线——每个牌子都拥有一批发烧友。牛仔裤的历史就这样开始演变成不同的故事。

20 世纪 40 年代末期和 50 年代初期，两类不同的青年人群体最热衷于穿牛仔裤：一类是热衷于西部装扮的，另一类是希望走叛逆风的。这不是刻意的公关手段或是市场策略的结果。两类牛仔裤爱好者来自截然不同的世界，他们也把牛仔裤穿出了截然不同的风格。看看搭配牛仔裤的配饰就知道了。西部造型包括带有覆肩和珍珠贝母子母扣的法兰绒牛仔衬衫、镶金嵌玉的牛仔靴和带有花哨的西部牛仔皮带扣的皮带。叛逆造型则由皮质的机车夹克（通常是黑色的），带有弧形后跟和鞋钉的工程师靴（总是黑色的），紧身 T 恤和加里森皮带（2 英寸厚、带有厚重金属皮带扣的军装皮带）。西部英雄们梦想着身骑骏马，而叛逆的反英雄们想骑的是哈雷（哈雷·戴维森重型机车）。总之，牛仔裤从一种乡下装束变成了后工业时代年轻人的都市着装。

不过这二者之间也有不少共通之处。牛仔裤的穿法总是低低地挂在胯上，裤脚厚厚卷起 3 英寸的边，露出里面裤腿两侧的镶边。两类牛仔爱好者中的标志性人物都是这么穿的：《蛮国战笳声》（*Hondo*）中的约翰·韦恩和《飞车党》里的马龙·白兰度（有意思的是，这两部电影都拍摄于 1953 年）。这两个人走起路来都是大摇大摆，态度也傲慢得要命，目光中充满挑衅，整个人充满了懒散、深沉、冷漠而淡定的气质，这正符合美国西部英雄和叛逆的草根英雄的审美。对于年轻人来说，牛仔裤代表了热血和流浪。这种造型迅速受到了世界各地年轻人的喜爱，他们争相购买。

年轻的反英雄们效仿的是白兰度和詹姆士·迪恩，垮掉派作家杰克·凯鲁亚克，以及叛逆的摇滚明星诸如埃尔维斯·普雷斯利、吉尼·文森特和埃迪·科克伦。在电影《飞车党》中，白兰度的牛仔裤和黑色皮夹克就像他傲慢的冷笑一样，表明他是一个社会的挑战者。当被问到“你到底在反叛些什么”时，他扮演的角色约翰尼阴沉沉地回答：“你有什么可以让我反叛一下的？”对于愤怒青年们，或者装作愤怒青年状的人来说，这简直是有史以来最酷、最时髦的一句宣言：如果你真的很时髦，你就会坚信我们整个文化里充斥着系统性的腐朽。看看艾伦·金斯堡的批判诗歌《嚎叫》，你就会懂得这种被剥夺感。这种感觉就跟黄铜铆钉和未经水洗的牛仔一样强烈。

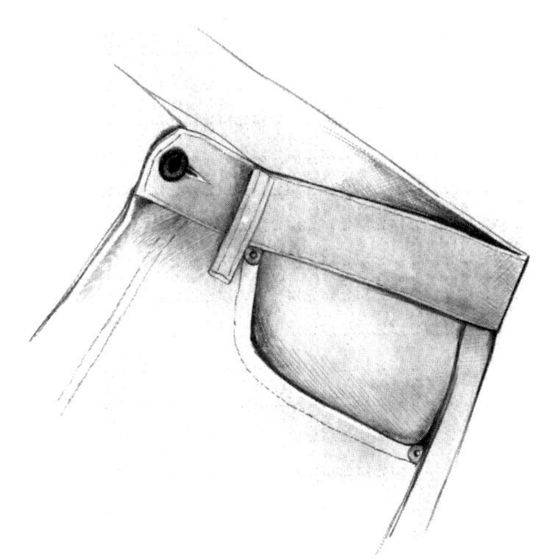

社会学家（以及我）总喜欢指出，当代生活中的时尚潮流是从街头发起的，不再像从前那样从社会阶层的最顶端开始。而牛仔裤从它被发明出来开始就是底层社会——也就是马克思所说的无产阶级——着装最重要的组成部分。这就是“蓝领”的意思：廉价的蓝色棉布，与它相对的是优质的白色棉布和亚麻。第二次世界大战后，这种穷人的装束成了社会上一个全新阶层的标配，那就是青少年，特别是人们所说的“不良少年”。该装饰是军队剩余物资、西部装束和廉价的劳动阶层户外装备——牛仔牧场夹克和工程师靴、T 恤、羊毛格纹伐木工外套、标志性的黑色真皮肖特机车夹克[1]、美国大兵卡其裤、双排扣海军呢子大衣、威尔斯与盖革（Willis & Geiger）牌棕色牛皮短夹克、尼龙风衣、厚厚的棕色加里森皮带、户外冲锋衣、水手帽，还有格纹工作衬衫——这一切你都可以在陆军和海军装备商店以很便宜的价格买到手，这些店铺在 1945 年之后如同雨后春笋般涌现，借此来处理战争后的剩余物资。这些东西都做工精良、价格低廉，搭配在一起简直酷得不行。

在 20 世纪 50 年代，无论是西部片还是反叛精神电影里都充斥着大量的牛仔裤。二者之间最主要的区别在于电影主人公。牛仔裤和反英雄主义联系在了一起，并成为这种精神的象征。在《原野奇侠》（1953）中，当温和的传统类型英雄艾伦·拉德去拯救整个社区时，他可没有穿牛仔裤：他穿的是鹿

1. 肖特机车夹克：设计师欧文·肖特于 1928 年设计的经典机车夹克。——译者注

皮，这把他和其他人区别开来，并且表明他其实是一个神秘的外来者——尽管他穿的也算是西部造型。穿牛仔裤的是冷血的雇佣杀手杰克·帕兰斯。在《飞车党》中，主人公马龙·白兰度骑着机车同样也来到一个小镇，但他是来毁掉这里的，或者说至少也是来这里摧毁传统的美国式价值观的，而这种价值观现在已经被看作是商业集团消费主义的牢笼。反英雄队伍中最后一位典型的反叛者是史蒂夫·麦奎因。在《约尼尔·波恩纳》（*Junior Bonner*，1972）中，他相当写实地演绎了一位竞技牛仔。此后，我们就只能对那个反叛的时代表达怀旧、眷恋和拙劣的模仿。像是约翰·屈伏塔主演的《油脂》（*Grease*，1978）就用经典的漫画式夸张手法演绎了反叛的摇滚青年，而这部影片距离那个叫埃尔维斯（猫王）的年轻人走进山姆·菲利普的太阳录音室给妈妈录歌，仅仅过去了不到25年。

从20世纪50年代的愤怒青年到60和70年代的反主流文化青年仅有一步之遥。前人已经定下了反叛的基调，你所要做的就是加入一点毒品、金属乐，也许还有一点点新左派政治哲学——这就是号称花之子的嬉皮士一代。牛仔裤也随着时代在改变，忠实地反映了20世纪60和70年代的具有革命性也充满分裂感的方方面面。引领时尚潮流的成了诸如伯克利或是哥伦比亚之类顶尖名校的学生，而不再是纪念碑谷的牛仔或《在路上》（*On the Road*）的读者。新时代的牛仔裤是经拉尔夫·劳伦、汤米·希尔费格和卡尔文·克莱恩等设计师之手精心设计的作品，还要带有喇叭裤管、扎染、故意打的补丁和砂洗效果等种种元素。与此同时，无法无天的叛逆形象也被歌唱苦难的民谣取代。今时今日牛仔裤的形象只能算得上是往昔辉煌的一个惨淡背影，从现在这些翻版的所谓反叛精神的标志里，你只能闻到自我意识过剩的讽刺意味。白兰度和迪恩——至少我们当时这么认为——他们永远不会牺牲自己真实的一面去换取名利。如今我们只能徒劳地寻找牛仔的真谛。酸洗或是做旧，日式包边或是美国产氨纶混纺，我们的牛仔裤反映出我们当代世界的复杂，以及比复杂更多的空虚。如今，产品的意义更多在于复杂的工序而不是天然的品位。然而真正的优雅来自精挑细选，正如真正的牛仔来自松林泥炭地——新泽西与遥远的"西部"相交之处。

7

晨衣

DRESSING GOWNS

1622年，查理一世的英国宫廷首席画家安东尼·凡·代克（1599—1641，佛兰德斯著名画家）被委托创作一幅肖像画。他的创作对象是曾在近东四处游历的时任英国驻波斯大使罗伯特·摄利爵士，在为凡·代克摆造型时，摄利头戴一条巨大的真丝头巾，肩披一条华丽的、长及小腿肚的真丝长袍。这个造型看似漫不经心，实则经过精心设计，而这也是现在我们所能看见的晨衣——或者浴袍（法语，robe de chambre）——的最早雏形。

“浴袍”的历史悠久而有趣。从中世纪开始到16世纪的欧洲，男人们的日常着装是僵硬、沉重的紧身上衣和束腰宽松外衣，当他们可以在温暖的天气里只穿一件宽松衬衫，或是在冷天穿一条御寒的长袍时，简直备感轻松。到了17世纪，男人们的家居服变得更加华丽，这可以看作是他们穿着上床睡觉的简单细棉布睡袍的华丽版本。

与此同时，对近东和远东的贸易与探索蓬勃兴起。当布拉甘萨王朝（自1640年至1910年的葡萄牙统治者王朝）的凯瑟琳公主将孟买岛作为嫁妆赠送给查尔斯二世后，英国人对这片土地的兴趣更是大大提升。就像茶、巧克力、瓷器和印花棉布曾让人们狂热一样，充满异域风情的衣服也成了家居服领域新的流行。塞缪尔·佩皮斯（1633—1703，17世纪英国作家和政治家，海军大臣）所写下的详尽日记大大丰富了我们对那个时期的了解，而他的第一件晨衣购于1661年7月1日。“今天早晨，”他回忆道，“我起床后去镇上买了几样东西（我最近在给房子添置东西），在这些东西中，包括一只漂亮的带抽屉的盒子，可以放在卧室里，还有一条给自己买的印度长袍。前者花了我 33 先令，后者 34 先令。”

单单从价格上我们就可以看出这长袍算得上一件重要的衣物：它比家具还要贵！长袍的豪华和昂贵之处，也表现在人们经常穿着花样精细的晨衣让画家画像这点上。佩皮斯自己在 1666 年让约翰·海尔斯画像时，就穿着一条金棕色的真丝印度长袍。

严格地说，把这些非正式的“家居”长袍穿出家门从来算不上正确。男人们这么穿是为了在家里放松一下，通常还会搭配上柔软的无边便帽或头巾，再加一双拖鞋（想要舒服的话，沉重的假发和靴子都得拿掉）。这些最初被称为波斯、土耳其或是印度长袍，因为它们起源于亚洲，设计也充满亚洲风情。后来的一些名称就跟功能相关了：睡袍、晨袍、夜袍、晨衣。它们的剪裁类似于和服，宽松、长及脚踝、带有飘逸的袖子，最初使用的是带有鲜艳印花的棉布，后来则用上了提花真丝、锦缎和天鹅绒。

还有一种被称为“班扬（banyan）”风格的睡袍（banian 在葡萄牙语里是印度人的意思，该词通过东印度贸易公司进入了欧洲语系），在 17 世纪下半叶开始流行，并在 18 世纪成为一种时髦的象征。为英国银行家托马斯·库特（1735—1822）制作的班扬风格晨衣是用圆点图案的厚实法兰绒制成，御寒功能一流，此外版型更合身：长度约为身长的 3/4，总体呈 A 字形，带有窄窄的袖子和立起来的衣领。宽松版的睡袍通常是裹身式的，用一根腰带系起来，而更修身的班扬风格晨衣通常是纽扣式的。

有时为了保暖还会夹棉。

18世纪男性的日间着装开始朝着19世纪男装的沉闷风格演化，但晨衣依然是一种充满异域风情的家居服饰，让男人们可以穿着待在家里，或是作为一种亲密的表现让他们穿着在招待会或晚宴上接待客人。在19世纪初，晨衣格外重要，当时的绅士们可能在早晨花上好几个小时梳妆打扮。像是头号花花公子乔治·布鲁梅尔总是会把整个上午都花在洗澡、理容和着装上，也许只是为了去看场体育比赛，或是去自家的俱乐部转转。他举办的招待会大受欢迎，来宾中甚至还包括威尔士亲王。

摄政风格的男性晨衣则是宽松的、长可及地的裹身式，腰间系带，材质通常选用带有华丽印花的开司米、印度织锦或是厚重的锦缎，其中最常见的印花是佩斯利涡纹。到了中世纪，晨衣进化到了一种比较现代的版本：最常见版型包括宽阔的翻领、高高卷起的袖口——这两处通常都有夹棉，以及带穗子的腰带。配套的软睡帽通常会搭配同样的穗子。

这种风格在19世纪70年代之后在英国国内广为流行，同样流行的是一种长及臀部的短上衣——被称为“吸烟装”，因为它通常是男人们在晚宴结束后聚在一起边社交边抽点雪茄或香烟时穿的——这种既实用又美观的穿搭方式一直沿袭到今天。现在，这两种单品依然是在家里转悠或是招待好朋友们时的不二之选。

如今依然有上等的店铺售卖精致的晨衣，而具有时尚触觉的男人们也会像购买衣橱里的其他服装单品一样去选购睡袍。回溯以前，我曾于20世纪30年代在时装技术学院博物馆跟别人

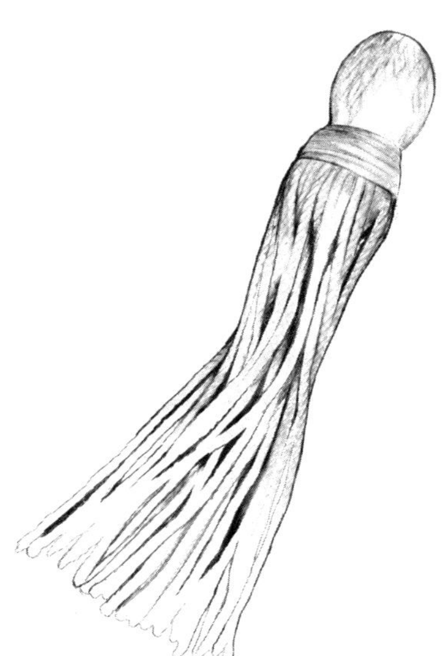

一起策过一个展，其中最精彩的展品是一件极尽奢华的真丝晨衣，出自法国夏尔凡（Charvet）裁缝店：厚重又古老的黄色锦缎，上面绣着繁复的丝绸之路主题中国风图案，翻领上镶着一圈黑色缎带，腰带末端还坠着华丽的穗子。我们不妨把它看作是佩皮斯在三个世纪之前所穿那件晨衣的现代翻版。如今，夏尔凡裁缝店依然还在营业之中，源源不断地制造出华美的晨衣。

8

英国乡村宅邸着装

THE ENGLISH COUNTRY HOUSE LOOK

把各种“造型”试个遍可是很贵的。哥特商务装（线条锋利的激光切割黑西装和尖头皮鞋），新日式预科生风格（常春藤风格和草根装束的微妙混搭），那不勒斯休闲优雅风格（皱巴巴的亚麻），都市游击风格（海陆军剩余军需装备），凡此种种。哪一种风格才属于你?

我的建议是以退为进：久经考验的、真正的英国乡村宅邸着装（ECHL）。这一风格经受住了时间的考验，已被证明可以完美适应所有的体型，并在世界各地受到人们的欢迎，此外还能根据你的年龄、心情、生活阶段和场合来不断调整。

很多英国作家都曾沉迷于英式房间中装修的魅力——伊夫林·沃[1]、薇塔·萨克维尔·韦斯特[2]、E. F. 本森（1867—1940）和詹姆斯·里斯 - 米尔恩[3]都曾描写过英式装修——但是在美国室内装修设计师马克·汉普顿的著作《论装修》（*On Decorating*）中，他才真正触及了英式乡村住宅的奥妙：

> 房间里是陈旧的、磨损的地毯和经历了世纪之交的软装家具，这些家具显然没有经过翻新，而是罩着松松垮垮的看起来像是自家做的（也许就是自家做的）真丝罩子。

1. 伊夫林·沃（1903—1966）：英国作家，代表作包括《衰落与瓦解》《一抔土》《旧地重游》等。——译者注
2. 薇塔·萨克维尔·韦斯特（1892—1962）：英国作家、诗人、园艺家，因为多彩的贵族生活、与小说家弗吉尼亚·伍尔芙的情事，以及和丈夫哈罗德·尼科尔森修建的西辛赫斯特城堡而闻名。——译者注
3. 詹姆斯·里斯 - 米尔恩（1908—1997）：英国作家、英式乡村住宅专家。——译者注

屋子里到处都是书，被烟熏得斑驳的壁炉前是皮质的壁炉挡板。这通常被称为未装修风格。有时这种风格是不经意的结果；有时需要一番微妙的努力才能达到这种历经沧桑的氛围。

“有时需要一番微妙的努力”，这就是对于英式乡村住宅风格的绝妙概括。这种精妙的装修风格会带给你这样的感受：这里的品位是经过一番积淀的，它来自悠久的历史中历届房主留下的印记，略显拥挤和不协调的陈设也是他们共同的手笔。这就让房子的风格在某种意义上成了品位的归档，就像小说家 E. F. 本森描述的那样：“不同的审美品位按照时间和地理的顺序结合到了一起。”这不是什么“年代”的问题——只有平庸的装修者们喜欢这么说——而是各种东西的混搭，像是摄政时期的椅子和乔治时期的地毯以及维多利亚时期的餐柜摆放在一起。所有的东西都混搭在一起。

历史学家常常指出一点，英国没有一段高度集中的王室政权来指导社会行为——相反地，像是法国的凡尔赛政权就从 17 世纪 60 年代早期持续到了 1789 年大革命，这为法国上层社会的行为举止定下了基调。普通的英国人，在行为、穿着等方面则没有什么约定俗成的标准——你甚至还能在现在的很多英国乡村家庭中看到略带些粗野的风气。

英国贵族更喜欢待在自己的乡村庄园里，有必要时才去伦敦。乡间府邸意味着乡间装束——用结实面料制作的狩猎装和骑马装，而不是出入王室时穿着的绫罗绸缎。上层阶级对于乡

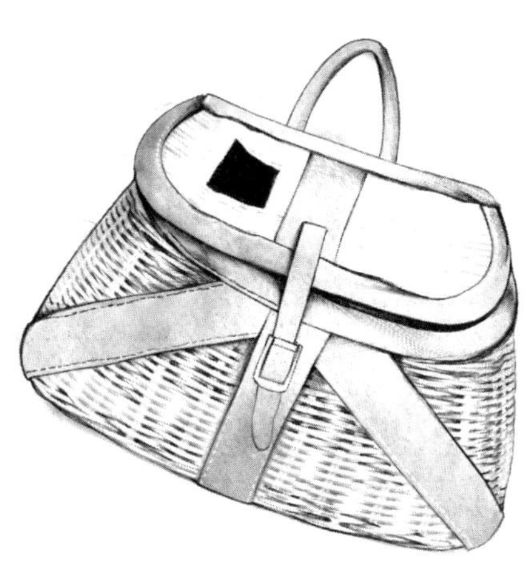

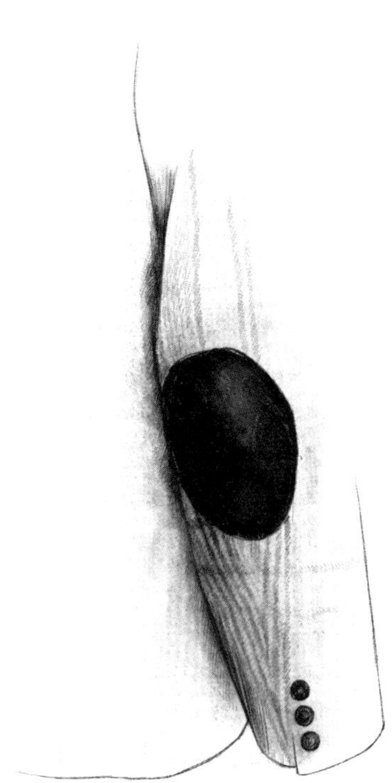

间生活的喜好在17世纪和18世纪随着中产阶级和重商主义的崛起进一步扩大，人们更不愿意进行烦琐的打扮了。服装历史学家大卫·库查他解释说："重商主义者们把民族主义思想和性别意识形态结合起来，为英国的商业发展和英国的国家价值赋予了一种富有男子气概的形象，以此号召绅士们改变他们奢华的作风……如果不颠覆贵族的统治，就没法争取自由贸易：自由贸易的拥护者们认为贵族阶层都是些柔弱的纨绔子弟，生活在奢侈无度和垄断特权之中。"

这段历史对于当代英国着装风格的意义在于，当商务人士不得不遵循商务着装礼仪的同时，在资产阶级的视线之外，绅士贵族们延续着一种古怪的乡村风格。维多利亚时期英国商人的着装风格形成了现在普遍的商务着装，而绅士贵族们那种古怪的着装风格则演变为了今天尚存于世的ECHL风格。

古怪？没错，而且看起来也不是那么整洁，甚至有点不大理智。但是这种表象之下要传达的信息更为重要：对于留存和妥协的尊重，一种你会在历史悠久的房屋深处找到的稳定和永恒的感觉。它们被装点成从来都未经装点那样。还有一点可能不会被人们公开提及：房屋的内部装修是什么样的，房屋的主人看上去就是什么样的。

如今所有的设计师都可以用他们关于"生活方式家居设计"的理念打造出一种整洁的家居环境，让我们来了解下ECHL的两大标志——说得再深一点，还有如何营造ECHL风格的诀窍。

首先你必须记住，破旧比崭新更好。新，意味着俗气；稍稍陈旧的感觉要好过闪闪发亮的新物件。招摇的簇新的商品标签，或者是类似的东西，只能说明安全感的缺乏。那种褪色的、古色古香的氛围，才能带来一种超越了时间、低调奢华的观感，让人联想起其中包含的手工艺和恰到好处的分寸。打个比方，如果顾客因为穿上新西装而受到他人的赞扬，萨维尔街上那些著名的裁缝店会觉得是自己工作的失误。衣服不应该被当作是独立的物体来被穿着，它们应该是穿衣服的人身体和思想的延伸。脱落的纽扣、磨损的领口以及斑驳的污渍和褶皱都会让这件衣服变得更好。在这里，我们所要追求的是被穿旧了的昂贵衣物，以及一种超脱出潮流之外的风格。只有穿旧了的粗花呢运动夹克在肘部才有皮质补丁。新衣服也许看起来漂亮，但没有感情或是岁月感。新衣服有的只是标签而已。（诚然，其中有一种令很多人向往的贵族气质。多年来，拉尔夫·劳伦就一直想要催眠我们，让我们以为自己祖父就是那种拥有桃花木赛艇和打马球小型马的贵族，即使他们很可能只是在某家铁匠作坊里做工的工匠。无法用物质来弥补过去的历史。唐顿庄园和庄稼汉毕竟是两回事。）

其次，要精心准备，以便营造出未曾准备的样子。无论如何都要避免太过于明显的人为设计感。领带、袜子和口袋巾，这些配饰之间至少要有一些冲突感。

同时穿着不同风格——或者是不同时代、不同场合——的服装单品是个行之有效的方法。城市和乡村装束搭配在一起常常效果颇佳。用一条旧条纹晨裤搭配西装外套和有点起球的板球毛衣也很不错。一套外出套装搭配穿了一阵子的巴伯牌（Barbour）夹克或毛茸茸的羊皮袄和变形的软毡帽（稍微小一

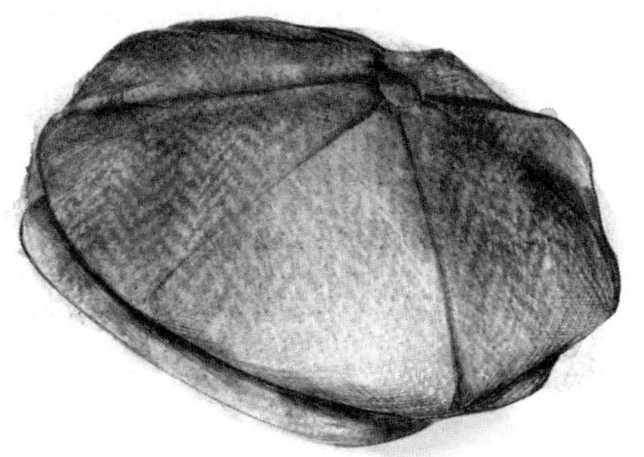

号），或者是薄薄的粗花呢搭配一件好衬衫和波点丝绸领带——这些都能达到“不费力”的效果。邋遢每次都能战胜整洁和精心搭配，令人意外的不协调感也是灵感的体现。风格上的协调一致实在是没什么意思，就像薇塔·萨克维尔·韦斯特所说的那样，“不同风格的迷人混搭”才是制胜之道。这就是“酷到一切都不在乎”这种态度在历史上的最早呈现，也是用一种高级的形式表达了“反势利”的态度。

总之，所有形式的礼仪都建立在小小的伪装之上，为了打造出最自然的效果得付出一些你看不见的努力。我可不是随便说说，你去问问拉尔夫就知道了。

9

晚礼服

EVENING DRESS

我从来都不相信类似于“新的流行其实都是陈年旧事，潮流趋势周而复始，来而复返”之类的理论。但就在不久之前，《纽约时报》让我重新思考起这件事。根据时装记者盖伊·特雷贝的分析和他在文章中所引用的设计师观点，无尾晚礼服又回来了。让我说得更清楚一点：当平日里打扮得一丝不苟的专业人士在周五便装日穿着工装短裤出现在办公室里，当各路明星没佩戴颈饰就出现在颁奖典礼上，当你在城市街头再也看不到一双擦得闪闪发光的皮鞋，当T恤衫甚至可以被穿去参加婚礼和葬礼，当这一切发生之后，现在，无尾晚礼服又回来了！

不仅仅是回来了，而且是真正回归了。最可靠的证据来自J. Crew，这个品牌在弗兰克·穆滕斯（品牌设计总监）的带领下开始涉足定制服装及其配饰的领域，开辟了一整条无尾晚礼服的生产线。之前谁能想到？（呃，我想到过，但没关系——之后我会再讨论这个）这篇文章引用了穆滕斯先生的话：“人们都准备好要穿得更正式一点了，但这种正式也是在各人原有的基础上……在这个世界上所有古板的正装中，我会选择无尾晚礼服。对我来说它就像带有剑领的运动衫一样。”挺好的。

也许这是因为男人们不一定非要穿西装或无尾晚礼服，所以他们时不时会想要穿穿看。现在这种装扮已经成了自我表达的方式。其中的意义很值得让社会学家们研究一番。

尽管现在人们忙着复兴无尾晚礼服，但刚过去不久的20世纪却正是它最辉煌的年代。从19世纪的最后20年到20世纪末，无尾晚礼服一直都没过时，而且一直都保持着最早的样子。时装有点像建筑，它们存在的意义在于提高生活质量，那些无法提高生活质量的单品很快就会被淘汰。无尾晚礼服已经流行了很长时间。它的好处经受住了历史的考验。

无尾晚礼服的基本样式相当简单，即使有所变化——在颜色、设计、廓形和面料方面——也很不起眼。无尾晚礼服包括配套的外衣和裤子，都用光滑的黑色平纹面料做成（这里我用的是美式说法，英国人把它称为“无尾礼服”（Dinner Jacket），在欧洲大陆则被称为“吸烟装”。以上三种都是提喻法，也就是用部分指代全体，这可能会在语法表达上造成一些困扰，比如说“我找不到我无尾晚礼服的裤子了”）。传统意义上的外套极其简洁，衣襟上只有一颗纽扣——尽管 20 世纪 30 年代以后，有 2、4 或者 6 颗扣子的外套也可以被接受。一切都是为了极简主义。早期的晚礼服裤子甚至连裤兜都欠奉。

总之近一百年来，无尾晚礼服及其配饰被认为是男人衣橱里最严肃、最正规的服装。人们对它的观感相当于在看了很多彩色电影之后看一部黑白片：惊人的优雅。在历史上，男人们之所以穿着朴实无华，是为了绅士般衬托出女士们艳丽的衣裙。也许这个理由放在现在有点过时，但在实际生活中这个道理依然说得通。需要正式着装的场合容不下浮夸的美学。

如果想要谈论正式着装，你几乎可以从任何一个方面开始谈起。在约翰·哈维所著的兼具可读性与信息量的书《黑衣男人》（*Men in Black*）中，他提到早在公元前 11 世纪中国皇帝就身穿黑色礼服以彰显自己的权威，古希腊和罗马人也会在正式场合穿上黑色外袍。在基督教早期的欧洲，牧师和教士都穿黑色；想想黑衣托钵教团吧。

抛开这些早期的案例不谈，近代关于正式着装必须是黑色的历史开始于16世纪早期文艺复兴时期的西班牙。从当时的人物肖像和行为指导手册中，我们可以看出黑色服装被认为是更为优雅、更为得体的穿着。西班牙查理一世（1500—1558）和他的儿子费利佩二世（1527—1598）都把黑色作为权力和权威的象征。当国王认定了某件东西，臣民们也会纷纷效仿——就这样，黑色服装逐渐成了皇室的象征。当西班牙政权向北方和东方扩张，来到荷兰与意大利，黑色同样也在这两地受到了尊崇。1519年，查理一世成为神圣罗马帝国的帝王，并把自己的名号更改为查理五世，他在服装方面的偏好影响的范围就更广泛了。

17世纪画家迭戈·维拉斯奎兹为西班牙皇室创作的画像，以及在接下来的几个世纪里黄金年代荷兰的肖像画，都明明白白地体现出这一趋势。当时，荷兰是世界霸主，许许多多的荷兰商人、专业人士、社会官僚和贵族成员都乐于找人给自己画像，一方面是为了取悦自己，另一方面也是为了流传后代；画像时，他们都穿着自己最好的衣服——通常是黑色毛料或真丝质地，衣领和袖口是白色蕾丝。黑色意味着严肃的人在做严肃的事情。杰拉德·特·博尔奇的肖像画《年轻人》（约1660年）就是这种形式和人物的生动体现。画中的年轻人神情凝重自持、充满尊严，背景里的桌椅让他看起来越发高大。他全身上下都穿了黑色，从系着丝带的方头皮鞋到高高的宽檐礼帽。至于他那袖子上系着飘带的衬衫和脖子上的一圈蕾丝，则是耀眼的白色。

有趣的是，除了诸如贵格会教徒之外的新教团体，法国和英国有钱有势的人对于色彩艳丽的衣服更感兴趣——但是这一风潮最终在工业大革命来袭后终止了（本书“前言”一章中对此有更多介绍）。最常见的理论是，黑色西装作为中产阶级的标准制服占据了男人们的衣橱，对于那些在烟滚滚、雾蒙蒙的维多利亚时期城市或是制造业中心工作的人来说，这种衣服既耐脏，又低调，更是经商人士的常见装束。简单来说，这是城市里中庸之道的最佳体现。

维多利亚时期见证了商业的兴起，以及黑色平纹布西装在职业商人中的流行。在那个年代，男人们不再是“骑士”，而是变成了绅士，大众的服装也开始了标准化和民主化的进程。这样就形成了产生无尾晚礼服的环境。从黑色西装到无尾晚礼服之间的小小跨越，则发生在爱德华时期。

19 世纪中叶到晚期，白天和夜晚的着装有一套严格的标准。在威尔士亲王登基成为爱德华七世时，人们都遵从一套约定俗成的行为准则，并认为这可以带来尊严、稳定和敬意。无论是男人还是女人，都用一种前所未有的认真态度来根据时间和场合穿衣打扮。有一则很能说明问题的逸事：有一天上午，国王的一位朋友穿着件燕尾服来陪他参观画展，爱德华生气地跟他说：“我认为每个人肯定都知道，如果在上午进行私人参观活动，应该穿短夹克搭配丝绸礼帽。”（毫无疑问，这些爱德华时期的人生活在一个急剧变化的社会里——正如我们一样——他们坚定地认为严格遵守规则可以确保社会、政治甚至是智识方面的稳定。爱德华去世三年后，这种希望就在佛兰德斯的泥沼和索姆河的河畔碎了一地。）

在19世纪末那些薄纱般缥缈的日子里，绅士们主要有两种晚装：燕尾服及其配饰，通常适用于公众场合；还有不那么正式的短款黑色外套——“无尾礼服”——适用于晚间待在家里的私人场合。爱德华就很喜欢短款夹克的穿法，在1875年左右让自己的私人裁缝亨利·普尔（Henry Poole，他的同名公司至今还在营业）赶制一件衣领上带有黑色真丝贴边的短夹克出来。这种夹克也有别的版本，有用艳丽的天鹅绒裁剪而成的，有带有纺锤形纽扣[1]、绶带[2]和滚边[3]的。在晚宴结束后，当女士们都离开了桌子时，绅士们会撤进一个私密的房间，脱下燕尾服，换上短款吸烟装，舒舒服服地来上一点雪茄和威士忌，玩几盘台球，甚至是交换一点意味深长的图片或是笑话。最后燕尾服从这类场景中彻底消失了，短款夹克成了夜晚的主角。

关于短款晚礼服是如何来到美国的，有好几个不同的说法，但每种说法都与纽约城中著名富人区塔克西多公园有关。在这些故事里，皮埃尔·罗里拉德或者詹姆斯·布朗——二者都是塔克西多公园俱乐部的重要成员——在1886年访问英国期间被邀请去一个乡间别墅参加派对，在那里，他看见威尔士亲王[4]以及其他所有在场的英国男士都穿着短夹克。美国人就问亲王这是什么，爱德华给他推荐了亨利·普尔。回到美国后，罗里拉德或布朗或随便什么人穿着这件夹克参加了塔克西多公园俱乐

1. 纺锤形纽扣：一种围绕着纽扣和扣眼的华丽装饰，通常用穗带或绳子纽结而成。——译者注

2. 绶带：末端缀有流苏的布带。——译者注

3. 滚边：衣服边缘抢眼的绸缎镶边。——译者注

4 威尔士亲王：即爱德华八世。

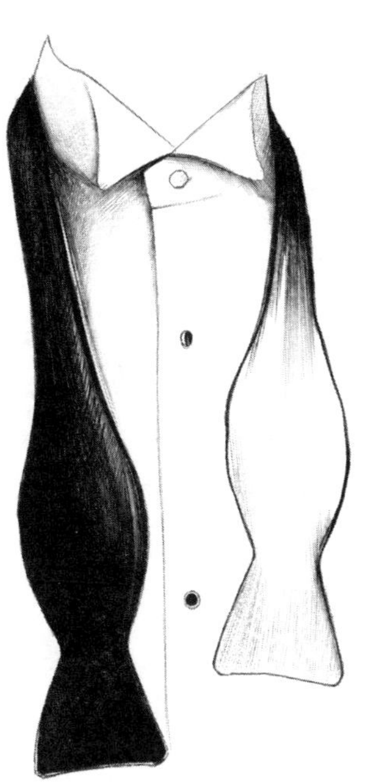

部的活动。其他俱乐部成员迅速赶上了这个潮流，就这样，“塔克西多”（Tuxedo，无尾晚礼服英文音译）在美国找到了新的归处。

无尾晚礼服——或晚礼服，或任何你想使用的名称——从此以后就没怎么变化过。那些仅有的区别或变动主要是为了舒适，或是改变一点造型上的细节，以及颜色上的改动。直到 20 世纪 20 年代末，绅士们的衣柜里还会包括一件 18 到 20 盎司的羊毛呢绒或是毛哔叽质地的晚礼服和配套的裤子，前襟和燕形领被浆洗得硬硬的全棉或亚麻布衬衫、真丝礼帽以及一应配饰。连买衣服带浆洗加起来大概要花 20 镑，贴身的裁剪让这套衣服就像是冻得硬邦邦的鲫鱼一样坚不可摧，但是衣物使身体受到的束缚带来了仪态上的威严，而仪态上的威严又确保了道德上的优越。

从 20 世纪 30 年代起，这一套造型开始发生了变化。中央供暖、更轻质的面料以及更轻松的社交氛围，让男人们的着装变得更加舒服。而这一切也都在后来的威尔士亲王身上有所体现。

如果要用一个词来形容亲王，那只能是时髦：他热衷于夜间俱乐部和爵士乐、飞机和高尔夫、旅行和运动装；他似乎也特别热爱已婚妇女，但这一点倒不是什么时髦玩意儿。他和几个同样时髦的好友——包括他的弟弟肯特公爵、路易斯·蒙巴顿勋爵、剧作家和娱乐家诺埃尔·考沃德，以及广受欢迎的歌舞演员杰克·布坎南，就跟一百来年前的布鲁梅尔差不多是个引领风格的先锋人物。爱德华是一个当代的花花公子，迫不及待地想抛弃上一代人的穿着准则，如果要穿晚装，他的选择是短款晚礼服而不是燕尾服，特别是双排扣的那种晚礼服，可以免去绶带和礼服背心的累赘。他也十分欣赏那种质地柔软、衣领放下的衬衫。就像他在回忆录《再访温莎》(*Windsor Revisited*)里解释的那样:"我们开始发现如果搭配双排扣的晚礼服,一件软衣领的衬衫和一件硬衣领的差不多漂亮,到了30年代我们就都开始'穿软的'了,之前可从没有人这么穿过,这是一种结合了舒适和放松的着装礼仪。"有一件事情验证了他的影响力:当王子率先穿上了深蓝色而不是传统黑色的晚礼服时,萨维尔街的裁缝铺子迅速被大量制作深蓝色晚礼服的订单所淹没。

因为战争和战争中出现大量制服的关系,20世纪40年代算得上是时尚的一段空白时期。对于女人来说,克里斯汀·迪奥所带来复古的"新风貌"——重新将繁复的面料和色彩带回了女性的衣橱——是从1947年开始的,但是直到20世纪50年代男人们才拥有了丰富的色彩。世界各地都发生着这样的变化,但也许在这段时间中,意大利对欧洲时尚造成了最重大的影响。意大利设计师将轻盈的、色彩艳丽的定制服装发扬光大。20世纪50年代的"大陆装扮"中最具有标志性的就是马海毛或双宫绸无尾晚礼服,上面装饰着五彩缤纷的各色宝石,颜色则是艳丽的浆果红、法国蓝、宝石红、银色、翡翠绿、酒红以及宝蓝色,在温暖的度假村或乡村俱乐部搭配黑色礼服长裤,在气候较为凉爽的地方则可以搭配格纹呢。当时还曾流行过一阵子印花绶带和配套的领结(无独有偶,这一时期也见证了黑白影片被彩色电影迅速取代的过程)。

这就是约十年后人们口中"孔雀革命"的开始,自此以后可供男人们选择的时装就要丰富得多了。无论是日装还是晚装,其

中最主要的单品是英国人发明的新爱德华风格造型，这种造型由长款、收腰、在臀部展开的夹克和窄腿裤组成，带有典型的骑马装风格。这种风格经法国女装设计师皮尔·卡丹之手发扬光大，他以此打造了史上第一个设计师男装系列。据说他自己是萨维尔街著名的裁缝店亨兹曼（Huntsman）的客户，而这家店铺最拿手的正是类似的廓型。卡丹的这一系列服装无疑是革命性的，这让他家喻户晓——并赚得盆满钵满。他也因此成为第一代男装设计师——包括美国的比尔·布拉斯和约翰·韦茨，法国的皮埃尔·巴尔曼、吉尔伯特·法拉奇，英国的鲁伯特·莱西特·格林、汤米·纳特和哈迪·埃米斯，以及意大利的卡洛·帕拉齐和布鲁诺·皮阿特里——的教父级人物。

与此同时，英国时装界也在进行着自己的“Carnaby Street 革命”，这场革命以伦敦 SoHo 地区的购物步行街来命名。这场革命所带来的造型比萨维尔的骑马装风格更加夸张，主要体现在非同寻常的面料和颜色上——像是明亮的宝石色调的天鹅绒和织锦——与之相伴的通常还有花哨的印花衬衫和配套的领带。裤子也像外套一样，在裤脚处呈喇叭状展开。自从 19 世纪中期后就变得朴素低调的晚装，突然之间重新焕发了活力，变得精彩纷呈。

男装的发展在 20 世纪 70 年代突然中断了一下——一切都跟 60 年代的“孔雀革命”时期差不多——晚礼服也概莫能外。现在，无尾晚礼服的面料成了印花天鹅绒、丝绸镶边牛仔布、柠檬绿华达呢，以及在你最狂野的想象中出现的那些面料。与之搭配的则是缀上了蕾丝的粉彩衬衫、松软的领带，以及更松软的帽子。男人开始和女人争奇斗艳。

这一切都太夸张了，而每种风格中也都不可避免地孕育着自身毁灭的种子。很快，恢复传统就成了男装设计师们能做的最叛逆的事。至少第二代男装设计师们就是这么想的。乔治·阿玛尼认为男装应该休闲、优雅和舒适，而拉尔夫·劳伦觉得传统和经典最有价值。20 世纪 80 年代见证了男装的重大变革与发展。意大利设计师和生产商牢牢把控着高端市场；设计师的数量大幅增加；商务男装和晚礼服也都迎来了历史性的变革：休闲的革命。

到了 20 世纪 90 年代，商务人士穿进办公室的衣服就跟他们儿子穿去冲浪的衣服差不多了，在特殊场合也只是穿上简单的无尾晚礼服和休闲鞋，不打领带，或是打个四手结。为了呼应人人都能感受到的——或者说害怕失去的——这股无拘无束、自由自在的风潮，邀请函上的服装要求也降低了很多，诸如“创意晚礼服”（creative black tie）、“有趣而正式”（fun formal）、“可选择着装”（dress optional）或是“自由着装”（discretional dress）。由此造成的结果无疑是身体上极大的解放，以及心理上的某种困扰。没人知道到底在什么场合应该穿什么衣服——放在你面前的选择简直多得令人难以置信——因此每个人出席任何场合都是有什么就穿什么。这也就意味着，我们彻底丧失了对场合的概念。无论出席什么活动，20 世纪 80 年代以后的男人们都穿得像是刚从健身房里出来。

千禧年的到来也带来了“酷到不在乎”（too cool to care）的时代。最鲜明的例子就是这段时间电视里的颁奖典礼，女人们都拼了小命要穿得富丽堂皇，而男人们看上去则是简直不能更马虎了。我们，也就是观众，都能意识到问题的症结所在，就是人们对那股酷劲儿的追求。

好在，晚礼服似乎又一次潇洒地走出了困境，依靠的是整洁漂亮的阿尔伯特王子乐福鞋。无尾晚礼服的廓型有了一些小调整——更贴身的剪裁、更窄的衣领、更窄的裤子——来打造一种年轻、利落的感觉。面料也更轻盈，大多是 7 到 11 盎司的马海毛、亚麻、丝绸混纺或精纺羊毛。人们又开始追求舒适和风度。

无论是今时还是往日，关于晚礼服都有一些简单的普适原则。最经典的无尾晚礼服的廓型总是跟着日装廓型的变化而变化。如果商务西装流行更宽的肩膀或是更窄的裤子，那么这也会反映在无尾晚礼服的剪裁上。不过这二者之间还是有些微妙差异。单排扣晚装夹克通常只扣一粒纽扣，后背没有开叉，口袋则是没有盖子的嵌线袋，这一切都是为了塑造出更优雅、简洁的线条。此外，经典的晚装夹克上永远不会出现三角凹口领，相比之下更合适的是剑领或是披肩领，这二者可以按照个人喜好选择。衣领可以用光滑的绸缎或斜纹罗缎（重磅斜纹真丝）覆面，颜色通常是与无尾晚礼服的面料相同的黑色或午夜蓝。彩色或白色的度假风晚装夹克也要使用同色面料制作衣领。问题的关键在于匹配，而非撞色。

传统意义上的晚装礼服裤与商务西服裤只有两点不同：裤脚不锁边，以及在裤腿外侧用绸缎或罗缎（与衣领统一）沿着烫迹线镶一道边。在过去，男人们会出于个人爱好或是根据当时的潮流给晚装礼服裤搭配上背带。总而言之，这是对花花公子布鲁梅尔早在两个世纪之前的着装的一种致敬和模仿。

传统的晚礼服衬衫是简单的白色细棉布或丝绸，通常带有胸前褶片（原则是：穿着者的体格越大，胸前褶片就越宽），双袖口或法式反褶袖（两层袖口用袖扣固定在一起），翼状领或翻领。如果是翼状领，衣领的尖端要藏在领结后面。经典的礼服衬衫在前襟上有三个纽扣孔，搭配饰钉而不是纽扣，这是衬衫上唯一的装饰。色彩、褶裥、蕾丝、图案和滚边，这些都是属于墨西哥流浪乐队之流的装饰物。

接下来又涉及我们在第3章讨论过的：在所谓的休闲革命之前，晚装领带通常意味着领结领带，领结两端可以是平的也可以是尖的，材质与夹克衣领覆面的真丝面料保持一致。我们中的花花公子可能时不时地会选择波尔卡圆点或其他图案和颜色，但通常你得鼓起莫大的勇气才能选择黑色或午夜蓝之外的颜色。然而有些人后来却认为用四手结而不是领结来搭配无尾晚礼服才是正确的。就像大多数时尚潮流一样，这种想法最初被认为是离经叛道，后来成了流行，现在则沦为老套、可悲、陈旧的过气潮流；曾风靡一时的“无领带”装束也经历了类似的过程，而且通常是最不合适的人最喜欢采用这样的装束——那些最时髦的人把自己的时尚热情用错了地方。如果你采用无领带装束来扮酷，那未免有些太刻意了，你的居心就像一支啤酒广告那样会被人们瞬间看透。

领结也许算得上是晚礼服的关键性单品，但不是所有的单品都如此关键——至少，不是所有的单品都如此必不可少。比如说装饰带——这种源自印度的褶裥腰带——就没有很好地流传下来。大概半个世纪之前，基本上每个男人的晚礼服衣橱里都有这么一条；时至今日，它只能算是历史的遗迹了。

值得庆幸的是，礼服背心还存活于世，跟日装背心比起来，其特点在于低胸的裁剪和马蹄形的前襟——上面有三到四颗扣子——这是为了更好地展示衬衫上的饰扣。这些背心还可能是无后背的，这一切细节上的设计都是为了减轻整套衣服的重量。毕竟穿着晚礼服时的主要娱乐活动是跳舞——这也能解释为什么晚礼服配套的鞋通常都很轻便。

现在我们开始讨论关于鞋子的话题：通常是黑色的，没有多余的装饰，低帮，搭配黑色素织长筒袜（质地是莱尔棉线，优质美利奴羊毛或真丝）。正装场合可供选择的鞋子种类很多：黑色光面小牛皮或漆皮牛津鞋，天鹅绒阿尔伯特王子乐福鞋，蝴蝶结装饰漆皮便鞋。

另一个着装细节也几乎和双轮双座马车、洗指碗一样湮没在了历史的长河里：左翻领上的花，也即是胸花。爱德华时期传统对此有一项优雅而别致的规定，只有三种花可以用来装饰无尾晚礼服：蓝色矢车菊、红色康乃馨和白色栀子花。如今，这就跟规定你携带鼻烟盒、鞋罩或装饰佩剑一样不切实际了。但在胸前的口袋里放上一条简单的白色亚麻手帕依然很有必要。

最后，还有一项过去的时代流传下来的传统。当收到那种写着“晚礼服—装饰”的晚会邀请时，人们就会想起这项传统。我指的是佩戴奖章、勋章、饰品和微缩人像。全套的装饰通常要搭配白领结和燕尾服，只有当出席特定的仪式性场合或是主人提出特殊的要求时，才可以搭配无尾晚礼服。

我认为以上已经讲得比较全面了。如果还不够，你还可以找

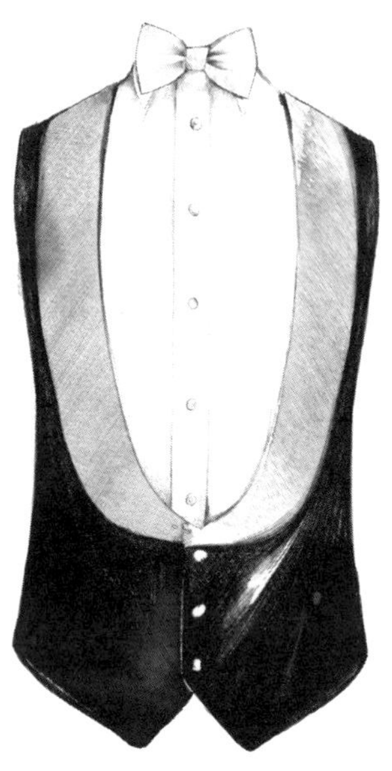

到很多自助手册和礼仪指导，为你提供最时新、最详细的建议。这些建议大多是关于你应该穿什么衣服，但是我发现它们遗漏了至关重要的一点：应该如何穿戴这些衣服。为了更好地阐释这一点，我来讲一个关于诺埃尔·科沃德爵士的故事，来自他的同伴和传记作者科尔·莱斯利。

当他还是一个 24 岁的年轻人时，诺埃尔·科沃德就从他担任编剧和演员的舞台剧《漩涡》(*The Vortex*) 中崭露头角、声名鹊起，并被邀请去参加极富声望的明日俱乐部 (后来成了著名的国际笔会)。俱乐部成员包括了后来的诸多文学巨匠：约翰·高尔斯华绥和萨默塞特·毛姆，丽贝卡·韦斯特，赫伯特·乔治·威尔斯，E. F. 本森，阿诺德·贝内特 (Arnold Bennett)，凡此种种。莱斯利的故事就从这里讲起："当时诺埃尔还不懂规矩，穿着一套晚礼服去了明日俱乐部的第一次聚会。当那些大名鼎鼎的人扭头向他看来时，他只在门廊处停滞了一瞬，然后说：'我不希望你们任何人觉得尴尬。'"

穿衣服的真正奥义，尤其是对于穿晚礼服来说，是你与衣服的完美融合，同时能呈现出一种自然流露的优雅。不要穿戴得像是在阅兵的普鲁士军官，要像弗雷德·阿斯泰尔那样轻松、优雅、充满自信——这就是穿晚礼服的正确方法。

10

眼镜

EYEWEAR

我可以断言：眼镜在1965年就开始流行了。我这么说没别的意思，这就是事实。

也许我应该解释一下。一个简单的问题：电影明星是从什么时候开始戴上眼镜的？不论是充满英雄气概的男明星或是美丽动人的女明星？既然我们都认为，名人明星是我们判断文化走向的依据，那同样也可以从这个角度去研究流行的历史。现在让我帮助各位回忆一下。1965年，在电影《伊普克雷斯档案》（*Ipcress File*）中，影星迈克尔·凯恩饰演连·戴顿笔下的间谍哈利·帕尔莫。凯恩戴着巨大的黑色旅行者款塑料眼镜，成功地演绎了这个角色；第二年，他在《柏林葬礼》（*Funeral in Berlin*）中又再现了这个造型。影评家大卫·汤普森说凯恩的表演"和他的眼镜一样冷酷且有距离感"，但是这似乎很受观众的喜爱，凯恩接下来又参与拍摄了多部电影，其中我最喜欢的就有《阿尔菲》（*Alfie*）、《不是那个盒子》（*The Wrong Box*）、《意大利任务》（*The Italian Job*）、《复仇威龙》（*Get Carter*）、《霸王铁金刚》（*The Man Who Would Be King*）、《汉娜姐妹》（*Hannah and Her Sisters*）、《蒙娜丽莎》（*Mona Lisa*）、《大人别出声》（*Noises Off*）、《哑巴歌手》（*Little Voice*）以及《沉静的美国人》（*The Quiet American*）。他的电影生涯长度称得上数一数二。实际上，唯一一个在凯恩之前戴上眼镜出演电影的明星，是默片喜剧演员哈罗德·劳埃德，他在拍摄几部成名作时凯恩还没有出生。

凯恩，连同他的臀部、他的工人阶层伦敦口音，以及由明星裁缝道格·海沃德（Doug Hayward）量身定制的安哥拉山羊毛时髦西装，让年轻人们意识到戴眼镜也可以很酷。同时，一大群男女明星们都开始戴上眼镜，追逐他所引发的这股潮流。更别提还有些名人用眼镜作为自己个人风格的标志：伍迪·艾伦、伊夫·圣·洛朗、大卫·霍克尼、安娜·温图尔、安迪·沃霍尔、约翰尼·德普和勒·柯布西耶。连布拉德·皮特也曾经被拍到戴着超大深色矩形眼镜（试想一下这些人还能有其他什么共同之处吧）！

另一群时髦的人偏向于小而圆的镜框，这种镜框更适合那些低调的、富有年代感的风格，比如：书呆子时尚（nerd chic）、复古风、草原风、古典风格（heritage chic）、实用工装风，当然还有学院风。有意思的是，这些相对比较复古的风格能够搭配最不复古的眼镜——实际上眼镜作为穿搭单品就是这么神奇——那些无框的、钛合金镜框的、高科技的眼镜，簇新锃亮就像刚出厂的保时捷。实际上，如果我没记错的话，保时捷的确推出过我刚才所形容的那种眼镜。

凡此种种，都让人好奇这些截然不同的风格是如何能够并行不悖的。我认为，无论是复古还是未来主义的风格都有一个共同点，那就是一种严肃感。就像是富有深思的人遇上了决心坚定的人？也许吧——但是为了真正弄清楚这个现象，让我们先从 1965 年讲起。一开始就把日期和事实弄清楚是种好习惯。

人们似乎达成了共识，第一篇关于光学的论文出自一位叫作阿布·阿里·阿尔哈桑·本·阿尔哈真的阿拉伯天文学和数学家之手，他通常被英语世界的人称为阿尔哈真。他这篇七卷的《光学宝库》（*Treasury on Optics*）完成于 1021 年的埃及，又在 1240 年被翻译成拉丁文传入西方国家。阿尔哈真的实验主要围绕着玻璃放大物品的属性进行。这些实验让人们得以在中世纪利用玻璃和水晶球做成“阅读石”，也就是后来的“放大镜”。

到了 13 世纪末期，威尼斯的玻璃吹制匠人可以做到把宝石磨成镜片，然后将其固定在木质框架中以便佩戴——也就是所谓桥梁架构，很像今天的眼镜架，只是缺了可以将眼镜搭在耳朵上的脚丝。主要用来辅助阅读的眼镜在当时其实没有太大意义，因为大部分人都是文盲，但是自从 1455 年约翰内斯·古登堡发明西方活字印刷术，增加了人们的阅读机会之后，眼镜开始变得极为重要。在 1455 年到 16 世纪这段时间，从英格兰到中国，眼镜开始被广泛使用。最初的镜架是用丝带系在耳朵上的，后来脚丝才代替了丝带。1780 年左右，英国人乔治·亚当斯设计出长柄眼镜——也就是有个把手的眼镜架——在花花公子做派盛行的摄政时期开始流行起来。紧接着单片眼镜、间谍眼镜和剧场眼镜（小型双筒望远镜）也出现了（从名称就可以看出它们的用途）。

与此同时，脚丝边框眼镜也开始逐渐流行起来，到了 1800 年，脚丝材料主要是玳瑁、角质物、白银、黄金、黄铜和镍。夹鼻眼镜也出现在这段时期，但直到它在 20 世纪成为一种时尚之前，脚丝眼镜一直全面胜出。

整个 20 世纪期间，人们主要在改进和完善眼镜的设计。1930 年，赛璐珞——世界上第一种被大规模生产的热塑性合成材料——被用于镜框制作中。在德国，卡尔·蔡司公司开发出“perivist”眼镜，就是我们今天所熟悉的框架形状：脚丝连接着镜框前部的上方，而不是之前的中间位置。1937 年，美国公司博士伦带来了现在流行的飞行员眼镜形状，一开始这是专为当时的新职业飞行员而设计的。

从那时候开始，每隔10年都会涌现出一个标志性的样式。或者说，涌现出两种完全相反的标志性样式更为准确。玳瑁眼镜，也被称为角质架眼镜——其实都用词不当，因为多年来用的都是塑料——在20世纪40年代的大学校园里开始流行，一直流行到50年代的常春藤名校（参见第14章）。这类眼镜总是圆形或椭圆形的。与之相反的是麦迪逊大道上那些广告界大佬的黑色粗边镜框（比如今天的伍迪·艾伦），它们都是矩形的。

1964年披头士乐队风靡美国，所到之处掀起一阵阵英伦风潮，让无数少女为之尖叫。男装的孔雀革命也开展得如火如荼：伦敦卡纳比街、欧普艺术运动、嬉皮士，还有和平与爱运动都进入了全盛时期。具有强烈建筑感和未来主义风格的欧普艺术派（想象一下早期的艾尔顿·约翰）和航天眼镜在法国设计师安德烈·库雷的推广下开始流行。但是都市时髦人士和嬉皮士，比如说约翰·列侬和詹尼斯·乔普林都喜欢戴复古的细金丝边框加小椭圆有色镜片眼镜，就是奶奶们戴的那种。超大框眼镜和超小框眼镜同时出现，接着又出现了其他各种样式。20世纪70年代初，设计师把眼镜加入了自己的配饰产品线，并带来了有趣的边框和运动型眼镜。

近来眼镜业的主要发展集中在科技方面。人们发明了人造偏太阳镜，利用光线的偏振原理减少紫外线、眩光和色彩扭曲；抗震塑料也被研制出来；可塑性高的钛合金框架也以其轻便和耐用的特性大受欢迎。

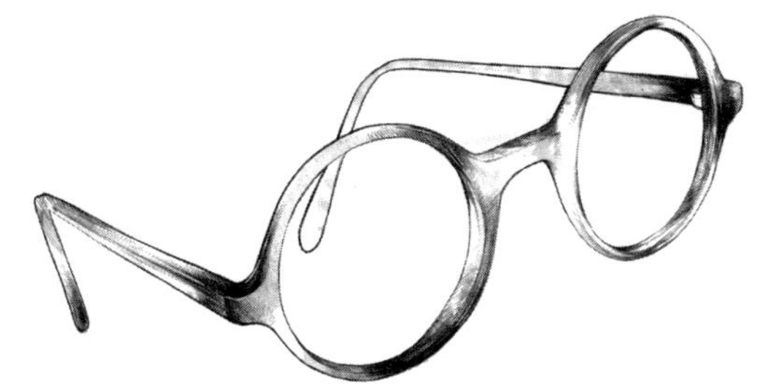

在40岁之前我都没怎么把眼镜当回事儿，这一切发生得很突然。仿佛是一夜之间，我就远视了。我选择了框架眼镜，之所以不选隐形眼镜是因为我对视力衰退这件事抱着积极的态度，我准备把眼镜作为另一种男士配饰：如果你必须接受它，那就热烈拥抱它吧。我发现眼镜可以打造出很多不同的风格，让这个世界更好地接收到你想要传递的视觉信息：玩乐的、睿智的、严肃的、富有创造力的、有教养的，如果你愿意，它甚至可以为你打造出叛逆的风格。如果有必要的话，你还可以把眼镜摘下来拿在手上把玩，做出沉思状。在你搞不清楚状况的时候，这是一个争取多一点时间来思考的好办法。

那时候，我还是《城里城外》杂志的一名时尚编辑，编辑部里对眼镜的品位偏好于极细的玳瑁框架配圆镜片。这是老派的、充满知识分子气息的学院风，遇见了属于商界的玳瑁框架。当时的主编总是穿件海军夹克，纽扣一直扣到脖子，再加上一个领结，打造出老牌贵族以及"酷到一切都不在乎"的形象。鉴于我曾经在大学教书，所以很自然地就走了学院风，并且自此就没有变过。这种老派的、不拘小节的专业人士装扮，跟我所钟爱的粗花呢外套、旧法兰绒裤子以及起皱的亚麻布料格外搭调。这是一种关于轻松自在和传统之美的宣言，又是一种朴素与时髦的完美结合。更棒的是，这也很适合我的个人风格。有时候我会随身带几本旧书——当然必须是硬皮精装本，不带书皮——或者任何看上去脏脏的、神神秘秘的东西，来传达某种正在学习一些深奥知识的形象。我找到了一种能维持高人一等做派的方法，那就是当某人拿出他最新的高科技产品时，翻开这其中某本书的目录。

对于眼镜的装饰性的看法分为两派。一派是坚持一种风格，把它变成个人特征或者一种标志（比如大卫·霍克尼）。这种方式的明显优势就是它有助于树立一种稳定、可靠、不为多变的被流行趋势所动的形象：就像18世纪人口中的“一个有扎实根基的人”。那种你愿意在他身上进行投资的人。

当然，只佩戴同一种风格眼镜的坏处是无趣和容易预测。因此，很多人选择根据不同心情和场合来搭配不同风格的眼镜，就像有的人有各种风格的香水一样——白天喷一种古龙水，晚上再用另一种；温暖的天气用一种，凉爽的天气用另一种。有时候你想传递严肃的信息，有时想要更刺激一些，或者是轻松愉快、漫不经心的感觉。根据不同的场合、目的和观众来选择合适的眼镜，可以更好地传递你想表达的信息。

在选择眼镜时，很多人还会考虑到脸型。我猜这一点并没有人们想的那么重要；实际上，用眼镜来修饰脸部可能会带来一些问题，过大或过小的眼镜都会因为过于明显而显得有些做作，看上去不像是根据人们的日常习惯和文化背景而自然生成的东西。

不论你是想突出你面部的优点或者修饰缺点，首先你要找到本身不会引起过多注意的眼镜框架。毕竟你打扮的目的是让人们关注到你，而不是你穿戴了什么。为了达到这个目的，这儿有几条普适的原则：眼镜前部，不论什么形状，上沿都不能高过眉毛的位置，底框刚好到脸颊。眼镜不应该比脸宽（这一点本该是人所共知的，但实际上并不是）。鼻梁架宽要合适，过松的话眼镜会一直向下滑到你的鼻尖。在考虑这些参数之余，你还有余地可以根据审美作出一些选择。

对那些还在考虑戴隐形眼镜而不是框架眼镜的人，也许我们可以把桃乐茜·帕克著名的诗句颠倒一下，作为一个有益的忠告：

> 女人只和
> 戴眼镜的男人调情。[1]

1. 原文是："男人很少和戴眼镜的女人调情。"（Men seldom make passes At girls who wear glasses.）——译者注

11

香水

FRAGRANCES

当我还是孩子的时候——就跟其他所有成长于20世纪中叶的男性一样——男士香水基本上就等于理发店里用的产品。

男人使用的唯一非医用香氛就是理发师（当然，是理发店里的剃头匠，断不会是美发沙龙里的发型师）喷在我们耳后和脖子后面的一点金缕梅水。真正的男人还会要求来一点桂油发用香水。这两种油膏，加上一种叫作紫丁香（Lilac Vegetal）的液体、一点发乳，以及一些滑石粉，这些就是除了随处可见的老香料牌[1]和维尔瓦河牌须后水之外，当时男士们在当地药房可以买到的全部香氛产品。你要是购买任何除此之外的香氛产品，都会令人觉得可疑。

变化发生在20世纪60年代中期的设计师革命、青春和性的革命以及孔雀革命之后，男人们开始使用古龙水和除臭剂，有香味的洗发水和香皂，加入香水的剃须膏、喷发剂、保湿霜、身体磨砂膏以及其他几十种产品。在这个还在不断增长的清单上，很多产品旨在护理、清洁、修复、除臭、染色、顺滑，以及保护我们充满男性魅力的肌肤和头发不受环境和老化影响，从而让我们更有吸引力——其中大部分的产品还会加入香氛，来改善我们的体味。我们通常只是把这些东西简单地拍在身上，而没有考虑过我们到底为自己选了什么味道。

值得注意的是，这份持续增长的美容产品清单——以及现在已经跟女性产品占据同样面积的男士商品零售空间，也许只

1. 老香料（Old Spice）是宝洁公司在美国推出的一款沐浴露、须后水和止汗露品牌。——译者注

是少了几样彩妆产品而已——是建立在制造商对于我们一旦开始就无休无止的不满足之上的——我们觉得自己看上去、闻起来、感觉上都不够好——因此对所有的产品我们照单全收。数据显示化妆品和美容整形已经不是女性专属了，就像健身房也不再是男士俱乐部一样。我们现在处于不分性别的美容健体文化中。

我并不想给大家留下在此之前香料是专属于女性的印象，因为事实其实并非如此。在古希腊和古罗马，香氛更是男性社交生活必不可少的一部分；古代亚述勇士用芳香油把他们的胡子弄卷；《雅歌》[1]中更是有许许多多富有情色意味的诗歌，描述的是有着甜蜜香味的男性爱人，其中最含蓄的段落也许要属这段："他的两腮如香花畦，如香草台。他的嘴唇像百合花，且滴下没药汁"（旧约-雅歌 5:13，英皇钦定版）。这就是古代香料的例证。

在中世纪的欧洲，男人和女人都使用香料，不仅用在身体上，还用于衣服和家居饰品。在文艺复兴时期，贵族家庭的床盖都会撒上香氛和花瓣，衣柜里会放上香草和香料。男人会在衬衫上喷上有香味的水和油。有香味的手帕很流行，还有直接在口袋里塞满花瓣的。有时候在口袋里放花瓣是为了表达忧伤。有一首简单的童谣，据说描写的是致命的黑死病：

玫瑰花啊编手环，

1. 《雅歌》:《所罗门之歌》（*Song of Solomon*），歌中之歌，在《旧约-传道书》之后，通译为《雅歌》，相传为所罗门所作。内容主要为歌颂纯真的爱情的寓言，但解释颇为纷杂。——译者注

满口袋的玫瑰花，
啊嚏啊嚏打喷嚏，
我们个个都倒下。

有解释说皮肤上出现像玫瑰一样的花环状疹子是传染病的初步症状，而戴着花是为了掩盖恶臭，同时也希望这可以预防疾病随着臭味侵入身体。可是这完全没有用：打喷嚏和咳嗽预示着大出血，被传染的人终将会死去。事实上，这种解释缺乏有力的证据，这首童谣的内涵依然是个谜。但是，我们都知道，在 19 世纪微生物理论普及之前，人们认为病害存在于空气中，而香味则可以帮助人们避开这些“瘴气”。

似乎早期的香水爱好者使用香水的理由和我们是一样的：因为它们好闻。意大利和法国先后因香水而出名。路易十四被称为“史上闻起来最香的君主”，他对香水爱得疯狂，坚持在香料师根据他本人的要求制香时亲自到场。宫廷礼仪要求一周七天每天使用不同香水，在路易十四在位时期，凡尔赛宫以“香水宫殿”而知名。

在 18 世纪，绅士们开始使用科隆水[1]。这种受欢迎的香水最初被称为“神奇之水”（aqua admirabilis），最早出现在 18 世纪早期。当时约翰·马利亚和约翰·巴普蒂斯特·法里纳兄弟俩决定把他们的香料店从意大利大圣玛丽亚迁至德国科隆。他们

1. 科隆水：通常被译作古龙水，全书除此段两处为表明该香水名称的来历译作“科隆水”之外，其他地方统一译作古龙水。——译者注

EAU
DE
COLOGNE
Jn GIRAUD FILS PARIS
SOCIÉTE COLONIALE
DES GRANDS MAGASINS

通过酒精浸渍法蒸馏提取精油（柑橘属果实如柠檬和橙子，还有草本植物如薰衣草、迷迭香和百里香），然后再用水将精油稀释到理想的浓度。他们在制香事业上取得了巨大的成功，尤其是在七年战争（1754—1763 年）期间，驻扎在当地的部队为自己和家人大量购买他们的商品。从此，这种香水被人们称为科隆水。到今天，香邂格蕾（Roger & Gallett）和 4711 还生产最初版本香味的古龙水。

古龙水最著名的拥护者可能是拿破仑，他跟他的香料商发了一份每月 50 瓶古龙水的长期订单。听起来有点任性，但是那时的皇帝就是那样的。他沉溺于古龙水之中，在沐浴后会将一整瓶古龙水倒在自己身上，接下来的一天里只要他觉得需要的时候，还会补喷一些，再用掉一到两瓶。但是那些花花公子，他们在历史上的继承人，再到后来英国摄政时期的“登徒子”（bucks）和“浪荡儿”（racks），他们把香水用出了一种全新的境界：他们在寻欢作乐之后把香水当作提神的酒来喝。翻阅那个时期的各种史实和日记后，我们可以很快地得出这样的结论：这些嗜赌又爱飙车的男人们——顺便说一下，他们的香水账单通常可达到 500 英镑一年，而当时一个日子过得相当不错的小店主的年收入约为 50 英镑——真的能做出一口干下数桶含有猫尿的车轴润滑油的事儿来。那时候肝硬化导致的死亡人数肯定和拿破仑战争的伤亡人数差不多。

正是那样狂乱的生活方式带来了严重的后果，1837 年维多利亚女王登基，带来了“清净近乎神圣”（cleanliness is next to godliness）的理念（虽然这句话是约翰·卫斯理[1]在1750年首先开始宣扬的）。淑女们和绅士们不得不开始使用热水和香皂。女王最喜欢的首相本杰明·迪斯雷利在艾尔斯伯里的一次演讲中总结出以下观点："整洁与秩序无关天性；它们关乎教育和大多数伟大的事物——比如数学和文学——类似，你必须培养出对它们的兴趣。"

这是维多利亚时代的众多规范之一。查尔斯·达尔文这样的进化论生物学家和查尔斯·莱尔之类的地质学家们带来一个接一个颠覆性的科学发现和哲学理论，他们极大地影响了宗教信仰，更不用说像卡尔·马克思、弗里德里希·恩格斯、杰里米·边沁[2]、约翰·穆勒[3]、赫伯特·斯宾塞[4]以及托马斯·亨利·赫胥黎[5]这样的世俗社会哲学家们了（信仰遭受了来自四面八方的攻击，难怪维多利亚时代的人对规则的态度那么疯狂）。

摄政时期的花花公子从邦德街消失了，新绅士——比如维多利亚的配偶艾伯特王子——则对于装有鸢尾草和广藿香

---

1. 约翰·卫斯理（John Wesley，1703—1791），18世纪的一位神职人员和基督教神学家。他所建立的循道会跨及英格兰、苏格兰、威尔士和爱尔兰四个地区，带起了英国福音派的大复兴，甚至传播到其他英语世界地区。——译者注

2. 杰里米·边沁（Jeremy Bentham，1748—1832），英国的法理学家、功利主义哲学家、经济学家和社会改革者。——译者注

3. 约翰·穆勒（John Stuart Mill，1806—1873），英国著名哲学家和经济学家，19世纪影响力很大的古典自由主义思想家。他支持边沁的功利主义。——译者注

4. 赫伯特·斯宾塞（Herbert Spencer，1820—1903），英国哲学家、社会学家。他被称为"社会达尔文主义之父"，所提出的一套学说把进化理论和适者生存学说应用在社会学上，尤其是教育及阶级斗争方面。——译者注

5. 托马斯·亨利·赫胥黎（Thomas Henry Huxley，1825—1895），英国博物学家、教育家。英国著名博物学家，达尔文进化论最杰出的代表。——译者注

香水的小瓶子采取了无视的态度。实际上，他仅仅是从浓重的香水转向了与“洁净”概念更一致的淡香。薰衣草和马鞭草、橙子和玫瑰水，以及柑橘香这类比较淡的香水被视为更好的沐浴伴侣。喷浓香水、卷发、用化妆品的男人则会被认为不够绅士。

从那以后的很长时间里，我们都难以摆脱这种看法。举一个著名的例子，20 世纪 20 年代的银幕偶像鲁道夫·瓦伦蒂诺算得上是那个时期男性影星的楷模了，然而一名芝加哥记者在文章中对他进行了不当的评价，仅仅因为他使用古龙水！瓦伦蒂诺直接去了芝加哥要跟这位新闻记者决斗，但是这位记者从未露面。

我们现在已经从这种对男士使用香水的清教徒式厌恶中走出来了。香水不再被认为是女性的特权，相反，有很多强壮的运动员和男演员们开始为香水做宣传，他们烫卷发、用发胶、染发，还使用脱毛膏、保湿乳、除臭剂、沐浴露、有香味的剃须膏、护手霜、身体磨砂膏、助晒油、毛孔收敛水、柔肤水、按摩油，还有生殖器保健喷雾。而我们也和他们一样，并且这个护肤清单还在不断增长。仅仅是男士香水就有数百万美元的市场，更不要说其他商品了。有一些香水对粗犷一些的人更有吸引力，还被安上了好笑的名字，像是“弹药”“尖峰”“鞍伤”和“帆布背包”之类的。还有一些香水走的是高端路线，名为

“爱罗斯”[1]“水仙花之水”[2]和“传说”[3]等。当时我最喜欢的两种古龙水的名字是“激情炸弹”[4]（香水瓶的形状就像第二次世界大战时期的手榴弹）和“傲慢”[5]，二者在放狠话方面简直首屈一指（难道不应该有“老钱”“君权神授”和“殿下”这类的标签吗，还是说市场上其实已经出现了？这很可能哦。）

不管包装如何，香水现在是构成男士外表的一个重要方面——不仅是个人喜好的体现，还是一种个人商务形象的反映。如今的商务人士应该为不同的场合和心情而配备不同的行头。毕竟我们已经身处享受不断丰富的多样化生活的时代——但是还有很多人没有把这种多样化带到我们的嗅觉生活中。仍有一些男人顽固地忠于那些理发店基础产品，或者是他们在青少年时期过生日时收到的第一支基本款古龙水。

今天的香水变得越来越精妙和复杂——我们都应该了解它们的构成。有些香水更适合会议室而不是舞厅或卧室；古龙水在白天的味道比晚上更令人愉快，在冬天比夏天更令人舒适；有些香水适合私密场合而非上班时间。如果我们考虑到一些简单的规则，并相应地使用合适的香水，就可以解决大多数日常香水需要。

就像你总是会需要一个衣柜那样，男性也应该有一个香水“衣柜”来帮助他们选择合适的那款香水。多数男性选择香水的

---

1. 爱罗斯（Eros）：希腊神话中的爱神。此处指范思哲的爱罗斯香水。——译者注
2. 疑指爱马仕的蓝色水仙花之水（Eau de Narcisse Bleu）。——译者注
3. 指万宝龙的传说（Legend）香水。——译者注
4. 指维果罗夫的激情炸弹（Spicebomb）香水。——译者注
5. 疑指英式干洗（English Laundry）的傲慢（Arrogant）香水。——译者注

时候就是拿起几种看上去不错或者品牌熟悉的香水在手背上试喷一两下。然后他们在接下来的半小时里面会不时地闻一闻自己的手，直到把自己弄晕为止，最终决定选择他们多年来惯用的月桂油——或者他们在上一个节日从女性亲友们那儿收到的那瓶香水。这二者如果交替使用的话，应该还可以坚持用到下一个有香水收的节日。毫无疑问，这该令人羞愧，如果他们能够用正确的方式选择香水的话，他们现在已经可以有一份不错的香水收藏了，而不至于只能使用那些乱七八糟的节日礼物香水——如果一定要说得好听一点，那我只能说礼烂情意重。

一个比较好的方式是先去了解基础术语。不要被绕进华丽的化学成分中，在化妆品行业或政府规范下，香水之间的区别其实不大，标签上也不会有大量的有用信息。但通常来说，香水由淡到浓分为这几类：须后水（aftershave）、古龙水（cologne）、淡香水（toilet water）和香水（perfume）。这也就意味着香水比淡香水含有更多带来香味的精油；精油浓度越高，价格也越高。此外，须后水可能含有多种润滑剂来润滑被剃刀刮过的皮肤。

接下来，你要了解不同的男士香水类型：1. 柑橘调，采自柠檬、酸橙、葡萄柚、橙子和佛手柑；这些香味清淡而活泼，有着清新夏日的感觉。2. 香料型，通常包括肉豆蔻、肉桂、丁香、月桂油和罗勒之类的香气；这种类型比柑橘调要浓烈，但是仍然属于清爽型。3. 皮革香型，通常由刺柏和桦木油调制而成，香调较为厚重，富有烟熏感。4. 薰衣草和其他花香，被认为是一种温暖精致的香调。5. 馥奇香（fougère，在法语中是蕨类香的意思），有着青翠的草木香气。6. 木香，包含岩兰草、檀木香和雪松等干净的香气，但比馥奇香要厚重。7. 东方香型，如麝香、烟草香，还有一些月桂油——这些是最馥郁而辛辣的香气。

很不幸的是，这些类型并不是那么完整和精确，很长一段时间以来人们尝试用科学设计出可以被人们广泛接受的描述，以便提供更准确的香型分类。这一特权一直掌握在香水制造商的手上，因此这门技艺要靠专业的闻香师——他们在行业内被称为“鼻子”（noses）。

了解香水的浓度和类型是很重要的，因为在商务环境中，男性应该闻起来干净清爽，而不是像身处马拉喀什的妓院一样。成功的男人懂得干净的效果——只要加上一点点巧妙的修饰——这就是他们打造良好仪表所需要的全部要素。好的香水是不会令人无法忍受的。在天气温暖的时候最好使用较淡的香水，而在秋冬可以使用浓厚型，因为高温会强化香味。经典的夏日香水有着清新香气、令人精神振奋的柑橘调和蕨类香调。不妨在温暖而潮湿的天气里，放一瓶在抽屉里以备不时之需。香气更浓一些的薰衣草、皮革和木质香调更适合秋冬使用。在工作时间之外，富有个性的香水可以帮助你放松情绪。温和的香料香气通常是一个不错的选择，更浓厚一些的东方香调也不错。这两种都是比较浪漫且持香较久的。社交场合给我们更多的自由，让我们可以从职业套装中跳出来，选择一些更舒适的穿着，那么为什么不在香水的选择上也放纵一些呢?

像所有衣柜里的衣服一样，你的香水收藏也会腐坏。不像一些红酒和人，香水不是年份越久越好，因此节省和囤积香水是没有意义的。用掉它们，或浪费它们。就算是最好的古龙水也会随着时间而变淡，尤其是在暴露于阳光直射中、未密封或者遭遇极端温度的情况下。所有的节日礼物香水都会在新的一批到来之时变得刺鼻。因此购买小瓶的香水比买大瓶的更划算一些。这样可以保证你永远都能用上新鲜的香水。

专家告诉我们香水在不同的皮肤上会散发出不同的香气。因此在购买之前一定要试一试你感兴趣的香水，仅靠他人的推荐是不够的。在你的手腕内侧喷一两下，轻轻摩擦两只手腕，然后闻一闻，稍等几分钟，再闻一下。如果闻了两次之后你仍然喜欢那种香味——或者实际上那个香味在第二次闻的时候还能保持——那就可以放心购买了。不要立刻试用另一种香水。把手和手腕彻底洗净，半小时后再试其他的香水。不要同时试几种香水，因为嗅觉有持久的记忆力并且会把味道混起来。同时试几种香水后，你的鼻子会为你调制出一种全新的香味，这个结果是不可预测的。这就像是把几种药品混在一起——谁知道会发生什么呢?

此外，喷古龙水的时候不要限制自己只喷在耳后。实际上，香水只能喷在身体上某个规定位置的想法是很可笑的。有些人认为应该在有脉搏的位置抹上香水，因为那里的体温高，可以使香水获得最佳使用效果。我却认为如果你把香水喷洒在身体各处，总会喷洒到这些脉冲点的。我们不需要像拿破仑一样浪费，但是他的用法看起来是对的。

12

理容

GROOMING

肩部以上的位置是理容的重点区域：颈部、面部和头部。就这个话题而言，就像是选择香氛一样（见第11章），我们可以跟专业人士讨教一番——理发师、发型师、皮肤专家和其他美容科学领域的专业人士。

关于面部理容更具有技术性的方面，就涉及医学领域了。正确的剃须方法，最好的洗发水和最滋润的面霜，如何应对晒伤后的斑痕、皱纹、脱发、粉刺、疹子、过敏、油性或干性皮肤、伤疤，以及许许多多其他的皮肤问题，最好都让医疗科学给我们准确的解答、建议和信息。我们为什么要靠广告给我们理容方面的建议？广告人一直都坚称，他们的最主要功能就是告知和教育。这些贪婪的豺狼，说出这种话眼睛都不眨。但是我们凭什么只能通过30秒钟的电视广告或是平面广告上印的商标来获得教育？

在这里我们要选择的科学家是皮肤科医师，他们的知识领域覆盖了生理学和病理学。生病时人们很自然地就会去咨询医生，但是医生应该在另一个方面也发挥作用。他们可以担任我们日常养生的指导顾问，从而直接影响我们的健康状况。为什么不呢？他们拥有这方面的知识和学问，通过指导我们采用正确的理容程序和安全的产品，把我们从未来的健康问题中拯救出来。

在向医生咨询关于理容的事宜时，还应该考虑到工匠。理容，毕竟是要动用工具的。有用于手部的——指甲钳、剪刀、锉刀；有用于脸部的——镊子、剃刀、梳子。这些是一个理容工具箱最基本的配备。根据罗马自然主义作家老普林尼（公元

23—79年）的记载，小西庇阿（约公元前185—前129年）也许是历史上第一个需要理容工具箱的人。根据他的记载，小西庇阿是他所知的第一个每天都要刮胡子的人。而且他也经常旅行，特别是去北非和西班牙。

家里倒不一定非要有理容工具箱，因为那些工具可以放在很多其他地方：医药箱、抽屉、架子，甚至是窗台上的篮子里。但如果我们谈论的是旅行理容工具箱，那就很有必要了。实际上，我觉得这里应该是复数——工具箱们。那些旅行工具包——修甲工具包、医药包和急救包——我指的是这些。乍听起来这有些小题大做，但是在和一些旅行常客聊过之后，我发现这些工具包可以做到又轻便又简洁，给人带来安全感和某种心灵的安宁。通常理容工具箱的形状和大小都各不相同，从加长过的、中间有一道拉链的多普（Dopp）收纳包，到卷筒状收纳包和袋子。有些是用优质牛皮做的，其他的是棉质粗布、尼龙或是其他合成材料。有些人喜欢奢华，另一些人则喜欢轻便。但其中的关键在于，无论你选择怎样的风格，工具箱应该有一层防水的涂膜，还要有足够多的隔层可以把各种东西分隔开。

对于常见的理容工具箱来说，除了古龙水、除臭剂和洗发水，你还需要剃须工具和牙具。剃刀有电动的（插电或者用电池）、安全剃刀（单层或多层刀片）或是直剃刀。尽管直剃刀（一片长长的单层刀片加上把手）是近两千年来我们唯一的选择——早在公元1世纪的罗马，黄铜和铁质剃刀就已经很普及了——但在当代社会已经难觅踪迹。极少数还在坚持使用直剃刀的男人也许是为了重温爱德华时代的复古旧梦，效仿当时的绅士，戴上赛璐珞的领罩，在头发上抹上望加锡头油，从瓷碗里取出剃须香皂、打出泡沫，再用象牙手柄、海狸毛的刷子涂抹在脸颊上，他们坚称这世界上再没有比这更好的剃须体验了。但是直剃刀用起来既不方便又危险——它们被称为“割喉者”可是事出有因的。剃刀也需要时时打磨，这被称为“stropping”，因为磨刀皮带被称为“strop”——我们当代人当然是用不着这种东西啦，除非你想给自己的日程表里添加一项吃力不讨好的程序。

当代人都偏好使用电动剃刀或者单层刀片的安全剃刀。这二者都不会给皮肤造成严重的割伤，因为露在外面的那点刀片只能刮到胡须——有时也会刮破一点皮肤，但通常只有在你赶时间或者刚好要参加重要会议的时候发生。早在 19 世纪 80 年代就有人申请了安全剃刀的专利，但是 1901 年一个叫作金·坎普·吉列的人申请了第一款风靡全球的安全剃刀，这种小巧的、双层刀片的剃刀持续流行了之后的半个世纪。那些年纪足够大到使用过这款剃刀的男人都应该感激金·吉列。如今，你只需要花几美元就可以买到密封包装的一次性塑料安全剃刀，你也可以花重金买到更具有异域风情的剃刀（银质或者纯金，铬、锡、鹿角、珍稀木材、骨质、陶瓷，以及任何你所能想到的材质）。无论你喜欢什么样手柄的剃刀，它们的刀片都差不多，剃须的效果也差不多，价格方面的差异主要来源于对审美的关注而不是功能的区别。

根据刀头的不同，剃刀分成很多不同的种类，有些是插电的，有些使用电池（或者二者皆可，电池也分为充电电池和一

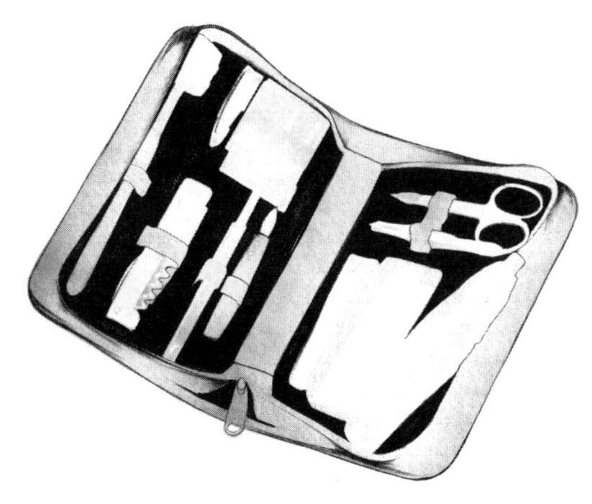

次性电池）。大多数电动剃刀是往复式刀头，刀片在一层薄薄的金属网膜之下前后摇摆，或者是旋转式刀头，多个旋转的刀片隐藏在弹簧网膜之下。剃须刀种类多样，适合不同的脸型和需求，有些体积大、分量重、运转强劲，有些则小巧、轻便、简洁。你通常可以在发型师和其他专业人士购买工具的美容产品商店找到这些小工具，以及关于选择的好建议。

剃须皂有罐装的、管装的和听装的。罐装剃须皂（通常放在陶瓷缸或者木头碗里使用，用完了还可以换上补充装）要配合剃须刷，肥皂的价格相当低廉，但一把好刷子可就贵得多了。廉价的刷子坏得很快，而且即使是新刷子也不够柔软。最好的刷子是用獾毛做的，无论舒适度还是耐用度都无与伦比。旅行时可以携带小软管装的剃须膏，但大多数人在家里还是喜欢用听装的啫喱，经济实惠又好用。剃须皂可以有多种不同的香味（也可能是无香型的），但是听装剃须皂的选择最多："粗硬胡须专用""敏感肌肤""含有药物成分"，等等。无论商标上写了什么，成分其实都差不多。

基本的剃须用具还包括了止血笔，或者明矾块。这种好用的小物件可以在任何一家药房找到，它已久经时间的考验，可以有效止血消炎。这是一种用明矾做成的收敛剂，可以快速收缩皮肤组织和血管。至少自从15世纪开始，明矾就被广泛用作止血剂，据说在此之前男人们的衣领都惨不忍睹。止血笔的用法简单之极：把尖端用水弄湿，涂抹在伤口处，等它干燥后形成一层白色粉末的薄膜，然后擦去多余的部分。刚开始用的时候可能会有一点疼，但我依然觉得整个过程显得相当有腔调。

还有很多剃须前后都用得到的产品。香膏、收敛剂和润肤露之类的都有助于提升剃须体验，促进肌肤健康。我们应该多多了解这些产品，并且向专业人士咨询，看它们是否真的有必要或者适合使用——如果有必要用的话，又有哪些牌子最适合我们的肤质和生活方式。

其他还有一些修容工具组成了单独的修甲工具包并成套出售。其中最基本的工具包括指甲剪、指甲钳、锉刀和镊子，此外还可能多一副金刚砂锉板（这是一个非常好用的辅助工具）和指甲签（又叫橘木签，因为最开始是用橘木做的，用来去除指甲根部的死皮），有时候还会有不同型号的剪刀或指甲钳。也可能会有一面小镜子、一把小瑞士军刀和一把小梳子。有些公司会特别准备各种型号、各种形状、各种类别的工具，来满足不同的理容需要，比方说丝瓜络、浮石块和脚板锉、电动除毛器，以及其他一些更专业、更少见的工具。

在药房里你可以获得医药包。医药包通常有防水涂层，内有小瓶装药片和维生素、瓶装药水、折叠小勺、温度计和其他一些保健产品，比如说隐形眼镜盒、药签、创可贴和急救包。这是一种收纳随时需要的医疗用具的好办法。当你打包这些东西的时候，记住以下几点：1. 列一份药物清单，并准备额外的处方，以免你出门在外时丢失了必用的药物或者需要更多剂量的药物；2. 在所有的药瓶药盒上贴上标签；3. 医药包要放在随身行李中，千万不要托运；4. 记得药物的有效期，随时替换上新鲜的。

这些小工具箱有时候好用，有时候不好用。如果你遇上了里氏 7.5 级的大地震，或者正在赶往一场海啸的途中，那它们可能派不上什么用场。但如果你被困在机场，或者必须改签一个航班，或者遭遇了一些任何旅行者时不时都会摊上的倒霉事儿，那它可能会帮上大忙。关于这个问题，以及关于理容这件事，最重要的就是记住：你所追求的是出场时是体面的，无论何时何地。

说到体面，面部胡须的多少以及修剪方式已经无关紧要——这曾经可是一个非常严肃和重要的议题——如今它只是一种个人选择和场合礼仪而已。多年以来，人们关于面部胡须的理解非常一致：不应该有任何面部胡须。从第一次世界大战起到 20 世纪 60 年代，“商务装扮”就意味着一张刮得干干净净的脸。有时你也可以尝试胡髭（就像电影明星克拉克·盖博那样），但是任何种类的络腮胡都会让人联想到波希米亚人，在 20 世纪 50 年代，你只会在纽约格林威治村的嬉皮士脸上看到（就像诗人艾伦·金斯堡那样）。

比起那些要求严格的岁月，现在我们放开了许多，无论是络腮胡还是胡髭，都成了除了刮干净脸庞之外非常受欢迎的选择。从一点点的胡茬到一脸茂盛的伐木工人式大胡子，都属于可以被接受的范畴。大多数男人至少尝试过一次留胡子。留什么样的胡髭或是络腮胡完全成了个人选择，是个人品位的体现，也是取决于本人想对外界传达什么样的信息。一点点泛青的胡茬很可能代表着高冷而文雅的性格，茂盛的络腮胡则让人想起乡村气质和田园生活。但这些只是人们从过去的生活经验里得出的一些粗浅结论。关于胡须，其实并没有什么硬性的条条框框，无论是审美意义还是在道德层面上。只是就像衬衫衣领也有一条规则一样——衣领应该和面孔的大小成比例——关于面部胡须也有一条基本的原则：胡髭或者络腮胡应该和面孔的大小也成比例。一张长而窄的脸如果留着茂盛浓密的胡髭或者一脸大络腮胡，这会让胡须看起来拥有自己的生命——这就意味着细节抢走了属于你的注意力。

另一个值得注意的忠告是，如果胡髭或络腮胡看起来蓬乱而肮脏，那无论它是什么风格、什么形状的，都会带来不愉悦的观感。无论你选择了什么样的风格，你都应该定期修剪，保持胡须的整洁（通常吃东西会带来一些麻烦），选择不拘小节的风格不意味着你可以真的不拘小节。为此，你要买一些合适的修容工具：在这个领域中有一整套工具，从造型胡须蜡到刮胡油，而一把好的胡须剪、胡须梳和修胡刀也是必不可少的。每天都要好好地使用它们。

13

意大利风格

ITALIAN STYLE

任何一本男性时尚读本都会谈到意大利服饰。这不单单是因为意大利人掌控着服装制造业和纺织业的高端市场，也因为意大利拥有享誉国际的定制裁缝。所谓“上等的意大利工艺”，指的就是那些杰出的工匠和为数不多的小作坊才具有的精湛手工艺。他们的工作就是为绅士们做出艺术品一般的衣装。在他们的作品中，你看到的不只是无与伦比的手艺，更有上好的品位和礼仪。当今社会已经有太多的粗制滥造、盲从跟风，他们却能做到如此，十足不易。在线媒体、微波炉快餐、各种触屏装备填满了我们的生活时，真正的手工技艺却日益受到追捧，成为最后的奢侈品。

很少有人质疑意大利人的时尚品位。不管是家具、跑车、建筑、厨具，还是服装，意大利人都成功地证明了自己。就像大家说的那样，风格就是意大利人的一切。一种风格从产生到发展成型，都有意大利人的参与。他们沉迷其中，当然，也对外输出。

为什么意大利人对时尚和风格如此了如指掌呢？也许是因为他们喜欢打扮自己。归根到底，意大利人都是个人主义。他们总想在外人面前表现出自己的风格，也深知正确的着装能帮助他们实现这一目的。20 世纪一位来自意大利西南部卡拉布里亚的作家科拉多·阿尔瓦罗曾说过，“一旦意大利人没了人文精神，就什么都没了”。对此，很多人都有所感叹，而你一定能在其中探出对时尚的几分暗示。

意大利似乎具有天成的时尚优势。1867 年，马克·吐温游历欧洲和中东各国时，这个最挑剔的旅行者也为它折服，声称上帝是根据米开朗琪罗的手稿建造了意大利。时至今日，除了一些政治和经济的动荡，意大利依旧保持了繁盛的文艺发展，持续影响着全世界。从维托里奥·德·西卡、费德里科·费里尼到佛朗哥·泽菲雷里、丽娜·维尔特米勒，意大利电影人不断在电影圈开拓新的道路。意大利建筑设计师颠覆了当代建筑的理念，构建了新的城市景观。比如，先锋建筑师皮埃尔·奈尔维将钢筋混凝土玩出了“华丽”（bravura）的花样。在极简风格的家具和室内设计上，意大利人也超越了来自斯堪的纳维亚半岛的设计师；在高级服装定制中，意大利人则是法国人的强劲对手。除此之外，又有何人比意大利人更懂得制造出更好看的汽车、印花丝绸或雕塑呢？

当世界上其他一些国家——比如说拥有强劲挣钱机器的科技强国——忙着当世界警察、探索外太空，甚至想操控全宇宙的命运时，意大利还是走自己的老路，提供最私密的个人享受。虽然没有最新的个人电脑、最快的粒子加速器、最大杀伤力的洲际弹道导弹，但如果你要找一双漂亮鞋子或一杯美酒，意大利人会为你提供最好的服务。并不是说超导体、希格斯玻色子[1]、导弹发射无人机就不重要，也许比一件手工亚麻衬衣更加重要——不过，哪一个离我们更近呢？

我们也不需要太狭隘，只关心那些自己身边的事儿。只不过生活中的小事儿理应受到关注。在其他国家，那些细微、日

1. 希格斯玻色子：粒子物理学标准模型预言的一种自旋为零的玻色子，由物理学家希格斯提出。——译者注

常、切身相关的享乐正在迅速地衰落，而意大利却成为庇护它们的港湾。手工技艺带来了一种更私人的快感，而对于这种快感的关注，事实上也是审美观念的一部分。手艺和审美之间的互相作用，正是意大利文化的产物之一。有人说，在文化上我们都是意大利的孩子，意大利这个国家、这个民族和它的文化，对全欧洲乃至于全世界都有着深刻的影响。这种影响体现在几十种大学课程、上千场艺术讲座和数不胜数的书籍中（有学术性质的、休闲性质的，也有两者兼备的）。从人文艺术到科学技术，从商业、探险、政治、哲学到一系列生活中的小小乐趣，意大利都处于核心地位。而时尚就是个人享受的一种。

从历史上来说，意大利对于周边各国的动静一直耳聪目明：从法国、德国、斯堪的纳维亚半岛和英国，到希腊、土耳其，乃至遥远的亚洲各国，它是连接北欧和中东的一座伟大桥梁，也巧妙地平衡着二者之间的局势。对于周边各国的紧张局势，意大利也能保持较高的敏感度。早在13世纪，在繁华的威尼斯港口你就能看到来自已知世界每一个贸易国的商船。同时期的伦敦只是一个封闭的中世纪小镇，只有阴暗狭隘的小巷子，威尼斯却拥有华丽的宫殿、镶金的教堂、满是雕塑的宽阔广场，已然发展到繁荣的高度。北欧诸国用石头和砖头建造了他们的城市，而意大利人用的是大理石。

即使在中世纪，意大利人就已经拥有了地理优势、政治影响力和财富。在欧洲，他们是成功的商人、银行家、贸易商——同样地，意大利的时装业也随之发展起来。15世纪之后，丝绸成为欧洲各国贵族追捧的豪华布料，而意大利人从1148年开始就在巴勒莫地区生产丝绸。到15世纪时，意大利已经发展出成熟的丝绸和羊毛生产工艺、国际贸易网络和现代化的银行系统。热那亚、威尼斯、佛罗伦萨和米兰这些城市巨大的商业财富足以证明这一切。巴尔贝里斯・卡诺尼科家族——也就是现在大家所熟知的维达来・巴尔贝里斯・卡诺尼科，如今意大利最大的羊毛纺织工厂——17世纪中期就开始从事纺织生产。

众所周知，服装制造业起源于文艺复兴时期，而它的发展史与意大利历史有着不解之缘。事实上，裁剪和缝纫——服装制造的两大基本工序——是在11世纪逐渐成熟起来的。学者卡罗尔・科利尔・弗里克在《佛罗伦萨的衣着复兴：家族、财富和精美服装》一书中提到，“佛罗伦萨最早有记录的裁缝出现在1032年，还记录着裁缝店的具体地址，这家店名为‘弗洛伦蒂裁缝店（Casa Florentii Sarti）’”。在米兰，一种新型工坊从1102年开始出现，其中纺织工、裁缝和染布工人一起工作。《牛津英语字典》认为“裁缝”一词首次出现是在1297年。而《日内瓦圣经》[1]——它对《创世记》3：7部分的翻译，可是出了名地好笑（“他们用无花果树叶缝制成小短裤”）——直到1560年才出版。那个时候，服装制造的各种理念早已在全欧洲广为流传了。

从根本上来说，服装制造是人文主义的产物：人文主义关注的不是来世的精神生活，而是对个人的一种宽泛且深切的关怀，包括现世的个人生活和社交活动。中世纪的人注重超越世

1. 《日内瓦圣经》：1570年在日内瓦翻译和出版的一部《圣经》，被认为原本属于17世牛津伯爵爱德华・德・维尔（1550—1604），于1992年在华盛顿福尔吉莎士比亚图书馆被发现。——译者注

俗的精神生活，而文艺复兴时期的人更关心世俗生活，其中的区别很明显地体现在这两个不同时期的着装方式上。就拿哥特主义的微型画像和15世纪的肖像画做比较，乔托（1266—1337）的《哀悼基督》（约作于1305年）和扬·凡·艾克的《阿尔诺芬尼夫妇像》（约作于1434年）仅相隔100余年，却大相径庭。中世纪画作中的人物形象就像《哀悼基督》中所画的那样，穿着笨重的长袍，完全看不出身体的轮廓。而文艺复兴时期的人物肖像画，例如扬·凡·艾克的《阿尔诺芬尼夫妇像》，就更强调个性和肉体的存在。

在中世纪，穿衣服只是为了遮住身体。到了中世纪末期，公会系统开始区分神职人员和平民的服饰。直到人文主义的兴起，衣着才慢慢为人们所重视，就连人体本身也得到赞颂。这就是我们时尚的源头。

时尚的革命，也可以看作通过服装重新审视人类肉体的过程。宽松的长袍，曾是中世纪最标准的着装，在随后的历史中被不断裁短、收紧，最终通过裁剪和缝制，完美地呈现出人体的轮廓。而这一过程则需要专业技艺和劳动分工。

此时，裁缝也加入了手工艺者的队伍，成为其中重要的一员。在此之前，除了贵族以外，欧洲人都是自己动手做衣服——把最普通的织布缝起来，挂在身上就完事儿了。服装与服装之间最主要的区别，就在于纺织工制作的布料不同而已。1300年以后，裁缝逐渐变得和纺织工一样重要，当时的公会掌控着不同的手工技艺。在文艺复兴时，很多公会通过为绅士们量身裁衣而成长壮大。制作紧身上衣的、做皮带和腰带的、做皮制品的、刺绣的、纺织工和染布工人等，都有自己的公会。公会成员们小心翼翼地守护着自己的技艺。

裁缝的出现，与欧洲城市的崛起同步。在这些新兴城镇中，裁剪大师们负责为居民们制作衣装，裁剪服装逐渐演变成一种复杂的、专业性极高的、被精心保护着的手艺。而这一切都起源于意大利。

文艺复兴时期，带有复杂装饰、精致又奢华的面料成为意大利时尚的主要特征。意大利的各大城市堪称上演现代生活的世界级大舞台，因此人们对于外表也越发在意。路吉·巴兹尼在他的经典之作《意大利人》(*The Italians*)中，指出意大利人对于符号与壮观景象的执念已然成为一种基本国民性属性。

“这只是原因之一，但不得不承认意大利人总是对外表起关键性作用的活动很在行：比如说建筑、园艺、室内装饰、具象艺术、庆典、烟花、歌剧表演、各种仪式，还有当今的工业设计、珠宝设计、时尚和电影艺术。在中世纪，意大利人做出了全欧洲最美丽的盔甲：精致的点缀、优雅的外形、巧妙的设计，但是在真正的格斗中，这种盔甲未免太轻、太薄了。就连意大利人自己往往都会选用德国人造的盔甲。虽然丑陋，但是实用，这才安全。”

其实大家都能想得通，当一种文化越来越流行时，外表就在这种文化里变得越来越重要——举例来说，城市中的建筑相当于一个上演日常生活戏份的公共舞台，而这种舞台似乎在温暖的气候中能起到更好的作用。英国人总说他们的城堡就是他们的家，而他们的社交生活往往局限在一个个私人俱乐部中。

不同的是，意大利人活在咖啡馆里，走在大广场中，意大利人更愿意待在公共场所中。这充分解释了为何意大利城镇中的广场都如此美丽动人。法国著名小说家司汤达（他人生的最后28年都在米兰度过）曾说过："只有一个完全不体面的人才会不想每天都上街。"就连不苟言笑的新英格兰人纳撒尼尔·霍桑[1]也在文字中赞美意大利的街头文化："我从未听过人类如此欢快地交谈，在一个公共广场上听到对话，足足有你自己说话声音的一千倍。这一点和无趣的英国人完全不同……就算有一千个英国人聚在一起，也很难听到十几个单音节的词。"这种街道的概念，被称作广场沙龙、大众客厅。每一处都是一个舞台，人们从这里去看世界，也在这里被别人看到，以此确认自己在社区里的位置。

当然，气候在某些方面也起到了一定的作用。地中海气候为意大利人送上温暖的阳光和充满生命力的色彩。大自然的美既微妙且复杂，让意大利人获得了更敏感的视觉，对于物理世界有了更敏锐的感知。这种美感不可避免地会在意大利人的创作中有所体现。意大利拥有丰富的自然美，也不乏艺术美。拜伦勋爵是一个热爱生活的人，他余生最后的日子就是在意大利度过的。他对意大利的致敬恰如其分："意大利，啊，意大利！你的美丽让人窒息。"

与文艺复兴相比，意大利创造美的传统在20世纪表现得更

1. 纳撒尼尔·霍桑（1804—1864）：美国心理分析小说的开创者，也是美国文学史上首位写作短篇小说的作家。——译者注

加淋漓尽致。意大利现代男装的历史于1952年1月在佛罗伦萨大酒店的一场时装发布会上拉开了帷幕。著名的时尚经理人乔瓦尼·巴蒂斯塔·乔吉尼一直在碧提宫的萨拉·比安卡展厅举办女装发布会，但是在1952年1月的表演中，他增加了男性模特，让他们和女性模特们一起走上了T台。这些男模身穿的是几套罗马品牌布里奥尼（Brioni）用山东绸制作的彩色无尾晚礼服。这个品牌是纳萨雷诺·冯蒂科和加塔诺·萨维尼在1945年罗马解放之后创建的。

这就是男装登上T台的首秀。曼哈顿知名百货公司亚特曼决定引进布里奥尼的男装和女装系列。1954年，布里奥尼跨越了大西洋，举行了该品牌在纽约的首秀。之后的故事也都成为历史的一部分。从此之后，男装正式进入了时尚的领域。

布里奥尼发源于罗马，至今依旧以罗马为活动中心。不过，意大利之所以在时尚圈具有独一无二的地位，却是另有原因——这个国家的不同地区都建有裁缝专业学校，而每一所学校都有属于自己的风格。从北到南，米兰、佛罗伦萨、罗马、那不勒斯各有不同。罗马人打响了第一炮，但第二次世界大战后的时装生产中心却北移到工业发达、技术先进的首都米兰。毕竟，意大利北部始终是丝绸和羊毛纺织品生产的大本营。

诚然，意大利南部也有伟大的男装设计师。然而，财富和高品质的制造商似乎还是流向了北部。从20世纪50年代末到70年代，罗马的卡罗·帕拉奇和布鲁诺·皮亚塔利借助他们精致的设计屡屡拿下头条，而南部那不勒斯的卢比纳奇和雅东里尼两家时装定制店同样声名大噪。然而从60年代起，一位来自

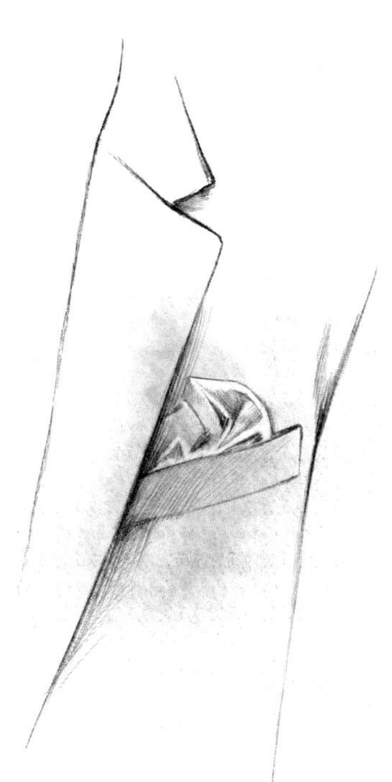

皮亚琴察的设计师成了最值得瞩目的对象，他就是乔治·阿玛尼。

在我看来，阿玛尼的男装一直都比女装更出名。1954年，在放弃了从医之路后，阿玛尼在米兰的文艺复兴百货（La Rinascente）当起了男装买手。之后，他成了室内设计师，为好几个意大利品牌服务。在1974年创建自己的品牌之前，他最主要的客户就是20世纪60年代的切瑞蒂（Cerruti）集团。在这段时期以及下一个十年中，他软化了男性定制服装的线条，并奠定了自己未来大获成功的基础。时尚媒体总是这样评论阿玛尼的设计——“非传统”“感官化”“解构”，甚至“女性化”——这些都没错。不管用什么词来形容，重点在于变化本身，他让我们对于现代西装的剪裁有了新的认识。

在设计之前，阿玛尼想必一早就开始思考解构。他一上来就简化了传统定制外套的结构——西装也好，运动夹克也罢，都未能幸免。就这样，阿玛尼改变了男性穿衣的风格。

阿玛尼也有意识地改变了男性的商务着装。为了增强英式运动夹克的舒适感，他拿走了其中僵硬的内衬和衬垫，用上更柔软、更有质感的布料，通过放低和加宽肩部来让剪裁更宽松，同时放低领口、下移纽扣位置，再稍微增加一些夹克的衣长。最终，这件夹克穿起来更舒服，看上去也更宽松，带一些松松垮垮的感觉，就好像是一件穿了很多年的衣服——总之，看上去很放松。

阿玛尼的想法在20世纪80年代成为现实，而这位极富革命性的设计师也伴随着争议成为男装历史上最举足轻重的名字：从未有任何一位设计师像他这样完全改变了男装的剪裁和面料。在他的定制系列中，西装和夹克使用的是传统女装的柔软布料，比如细羊毛、绉绸、高捻度纺线、高级斜纹纺布、丝绒、轻量羔羊毛和开司米。颜色上，他选择了柔和的棕黄色、橄榄色、雾灰色、浅杏色、青灰色和烟草棕。他还尝试了立体剪裁（就像英国人在 20 世纪 30 年代初做过的那样），在胸口、肩膀和后背部位留下一小部分多余的布料，从而在穿着时可以在身体前后产生波纹般的涟漪。袖子被增宽了少许，两边的口袋则稍稍下移。

这一相当大胆的创举为现代男士打造了宽松、柔软且看上去更温和的定制服装。他本人也将此风格延续多年。直到 1994 年夏季他推出了“新形式”系列（Nuova Forma），阿玛尼选用了更修身、更具结构感的外套剪裁。不过这个时候，阿玛尼的历史地位已经很稳固了。舒适的剪裁、悦目的配色、柔软的线条和面料，为男装带来了令人耳目一新的国际化风格——而这都归功于阿玛尼。死板又沉重、僵硬且阴暗的维多利亚式男性西装终于被扫进了历史的故纸堆。阿玛尼将因为这一次解放性的革命被人们牢记，从男装设计师到顾客，都会心存感激。在现代时装的发展中，对于舒适度的追求是一大主要动力，而阿玛尼在其中扮演了非常重要的角色。正是因为他，我们现在身穿的服装才能如此轻盈。

那不勒斯的裁缝们终于也跟上时代的潮流，在舒适度和柔软度上做文章。其实他们早在 20 世纪 30 年代就开始尝试做时装的解构。说来有些奇怪，这一历史的使命最终落在了来自米兰的设计师阿玛尼身上，而他在60年代才将成果展现给全世界。因为早在30年前，那不勒斯的卢比纳奇和雅东里尼就开始做这件事了。对于第二次世界大战前南部设计师们的这种尝试，阿玛尼到底是否有所耳闻？不管怎样，80年代起，卢比纳奇、雅东里尼和奇顿这些品牌也走进了美国高级男装商店。

起初，美国男性不能完全理解这种新型夹克的设计——自然没有衬垫的肩膀、“净”式剪裁的胸部、敞开的袖口、缩短的衣长、从胸口一直到褶边的前省，以及无衬里。通过放大剪裁和使用柔软的布料，阿玛尼做出了更加舒适的夹克。那不勒斯的裁剪大师们在解构服装以追求舒适度方面走得更远。他们省去复杂的基本解构，他们做出来的外套就像一个贝壳。美国人在试穿后，立刻感受到其中轻盈和随意的优雅。那不勒斯的设计师们追求的就是这种境界——一件轻薄、舒适，却照旧挺拔有型的夹克。

传统也在其中起了作用。那不勒斯人对于传统的英式剪裁了如指掌——几个世纪以来，英国富家子弟的游学旅途必有一站会在那不勒斯——也很欣赏英式外套的精致剪裁。要不是为了向英伦风格致敬，那不勒斯最有名的裁缝之一吉纳罗·卢比纳奇怎么会给自己的店铺起名叫作“伦敦时装屋”（London House）呢？不过，英国人的布料和沉重的衬垫在炎热潮湿的地中海地区根本没法穿。因此那不勒斯人尝试去改进这些结构。放开袖口，让它更灵活；用更长的省道为胸口、衣边塑形，从而省去了衬垫；加大肩宽，让肩膀和袖子相重合，垫肩也不再必要；最后再用半衬里代替全衬里。这样的夹克从外表看起来更修身，但穿起来却更宽松。

那不勒斯的裁缝们习惯于使用上好的轻薄面料，例如丝绸、亚麻布、细棉布和薄型精纺毛料。30 年后的阿玛尼利用最新科技和扩大剪裁达到了舒适的效果，而那不勒斯的裁缝则是在时装结构上下了大功夫，一针一线都用上了特殊的技巧，让外套变得更轻快、更灵便、更透气。最终，北部用高科技得到了和南部低科技相同的结果。意大利北部的成衣工厂中陈列着干干净净、闪闪发光的机器，而南部的作坊里则是围绕着桌子、安静地在大腿上做针线活的男男女女。手工艺者像这样围绕在一起的生产模式，被称作“环岛”式生产。

所以，大家说那不勒斯附近的裁缝比全世界其他任何地方都多，这一点儿都没错。如今这些裁缝都有了大展身手的机会，也理应如此。“裁缝们的工厂”成了一种生产模式，旧世界的手工技艺也在 21 世纪得以发扬光大。所有人都该心存感激。

如今的意大利时装，只能用前卫去形容。意大利人不喜欢跟风，他们更愿意去引领潮流。用轻盈的布料做出的构造简单的时装，似乎更接近“美型主义”（bella figura）的定义——意大利的裁缝们是最善于运用亚麻、丝绸和棉布的大师。在北部，气候更凉爽，衣装也就略显保守。商务套装通常是海军蓝色的西装、深棕色的丝绸领带（是米兰人发现了蓝与棕的完美搭配吗），搭配白色衬衫，还少不了一双棕色的皮鞋。意大利人是不穿黑色皮鞋的，因为他们觉得黑色不仅无趣而且只适合葬礼。

在南部，那不勒斯人已经养成了追求细节的癖好。比如，他们对口袋情有独钟。有一种呈“白兰地酒杯”状的明口袋——口袋底部为圆形，且宽于开口处——适用于西装和运动夹克。有名的“船型口袋”则是在胸口裁剪出弧形的一种口袋，看上去就像一艘小船，因此得名。

那不勒斯式的肩袖并不平滑，而是带有褶襞，因为那不勒斯裁缝喜欢把较大的袖山塞进较小的肩膀袖孔中。为了达到这个效果，他们使用了一种“挂袖”的技巧——省去垫肩，让袖山和肩部的布料上下重叠缝在一起，这样一来，外套变得更轻便、更灵活，而外套前省通常从胸口一直延伸到褶边。他们认为这能更好地控制侧面口袋以下部分的形状（裁缝们称之为“下摆”）。

今天，就和前几个时代一样，在意大利，越往南走时装的色彩就越丰富。有可能是因为南部的气候更加温暖，光照更充足。这也和更放松的生活方式有关。南部的生活，总有柠檬树和橙子树的陪伴，还有耀眼的蓝色地中海、红色砖瓦屋顶和从不间断的小摩托车的轰隆声。舒适度、色彩和构造就是一切的标准。在上个世纪，男装的发展也正是沿着这个方向走来，而未来也不一定会有所改变。

就如同英国人习惯于着乡村服装进城，意大利人喜欢把有趣的和严肃的衣服搭配在一起。一套严肃的西装配上带有图案的衬衫、搭上一条鲜艳的领带，深色的裤脚下会是一双隐约可见的亮色袜子，抑或是正式的外套口袋里塞着一条活泼的口袋巾。还有一点非常明显：意大利人痛恨黑色皮鞋，他们更愿意选择棕色的鞋子。我的一个意大利朋友曾经这样解释，黑色只是单纯的黑色，而棕色却有数不胜数的分类，从最淡的奶油色

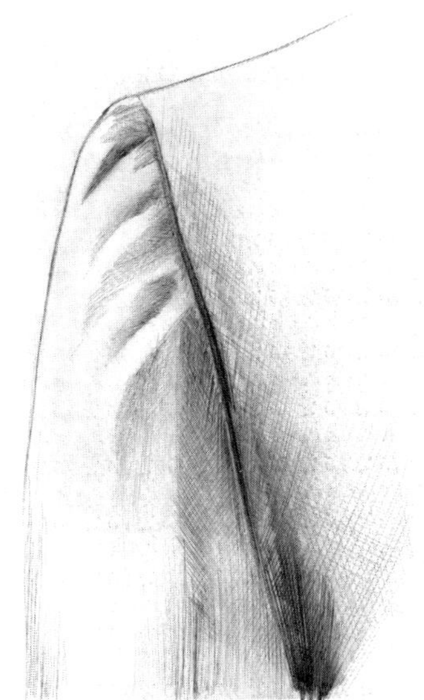

或饼干色，到灰褐色、浅黄褐、赤褐色、栗色、巧克力色、咖啡色和黑棕色。“棕色比黑色有趣多了，你不觉得吗？”他沉思着说。当时我只好表示赞同，但自此之后所有的黑色衣服在我眼中都变得无趣起来。

14

常春藤风格

IVY STYLE

我成长在 20 世纪 50 年代末期，当时年轻男性的着装问题相对来说是简单的。当一个男孩即将成年时，他会丢掉童年时期衣橱里的大多数衣物——无论衣橱里都有些什么——如果他考虑去读大学，那么就该开始准备接下来几年，甚至更长的时间里要穿的基本衣物了。这时候男装设计师革命还没开始，拉尔夫·劳伦和乔治·阿玛尼，桑姆·布朗尼和杜嘉班纳，以及其他诸位男装设计师都还没有登上历史舞台。那还是属于老牌商铺和大型厂商的年代。传统依然是很多人的信仰，而不是某种用于压榨价值的商品。

在 20 世纪中叶的美国，男装商店大致可以分成三类。第一类是美式商务套装的男装商店：剪裁保守、纯色或条纹精梳羊毛面料的西装，安全的衬衫（大部分是白色的，带有大小适中的尖领），稳重的软绸领带。穿这种衣服的男人们也会穿着黑色牛津鞋和素色的深色袜子。深灰色浅顶软呢帽也相当有市场。

第二类商店就要入时得多，可被看成是传统商务人士时装店的升级版本，更高端，更时髦，更适合那些注重着装风格的男人。在 20 世纪 50 年代末期，这种商店带有一些欧洲风情：西装是“大陆”剪裁（也就是意大利风格的意思）或英式剪裁。面料多种多样——精梳羊毛不怎么多见，更多的是华达呢、马海毛、法兰绒和丝绸，还有更多的印花图案。在这些店铺里，你可以找到真丝针织领带和更大胆的条纹衬衫、开司米毛衣背心，以及巴宝莉经典风衣。

然后就是常春藤风格的商店了。

1945 年到 1965 年这段时间是经典“校园商店”的黄金时

期，很多商店靠着为那些拥有成为 EEE（Eastern Establishment Elites，东部商界精英）之壮志的年轻人提供着装而名声大噪，其中最具有代表性的有普莱诗、安多福商店、朗罗克、奇普和布克兄弟。这些绝佳的服装商最初都出现在一流名校的所在地：哈佛、普林斯顿、耶鲁，以及其他常春藤名校。到了 20 世纪 50 年代初，它们开始扩张到更远的地方：基本上每个城市或是大学城，都有一个校园商店供应学生风的服装，而这些商店进的货都来自拥有英国供应商的美国制造商。

常春藤联盟的黄金时代是从第二次世界大战结束后到伍德斯托克时期。它们源自 1944 年《军人安置法案》[1]（*Servicemen's Readjustment Act*），也就是俗称的 GI 法案。国会立法为年轻的退伍军人提供贷款，用于购房、创业，以及更重要的去读大学。据估计，在 1956 年第一阶段的计划完成之时，多达 220 万的男女利用这项法案获得了高等教育资格。有些数据指出从 1945 年到 1955 年，高等教育的入学注册率翻了 10 倍。

接下来的 10 年里，随着军队扩招，还有很多学生——大部分已经不再是 EEE 那种类型的，甚至都不再梦想着成为那种人——选择了新左派的嬉皮士风格，常春藤风格逐渐式微，逐渐转移阵地到了政界。毕竟理查德·尼克松还穿着布克兄弟的西装。随着伍德斯托克的风行，最主流的装扮大概就是裸体了。

1. 《军人安置法案》最先于第二次世界大战末期起草生效，给退伍美军军人提供免费的大学或者技校教育，以及一年的失业补助。之后该法案历经大小修改，被沿用至今。韩战、越战等战争的退伍军人，以及和平时期的退伍军人，都得到这个法案所提供的保障。——译者注在它的鼎盛时期，常春藤联盟风格对于越来越多进入高等教育机构的年轻人——通常出身于日益壮大的中产阶层——来说是一件好事。他们发现用不多的钱就能轻松填满自己的衣橱。那时候，大学生的衣橱里装满了既好穿又好打理的衣服。

其中最基础的单品是牛津系扣衬衣和全棉卡其裤。在第二次世界大战和朝鲜战争期间，卡其棉布被做成了成千上万件制服，战后四处涌现的军需用品商店就开始贩卖这些多余物资。如果天气比较冷，你会需要一件雪特兰羊毛圆领毛衣，随便什么颜色都行。一双棕色的乐福鞋和一双白色的网球鞋（或者白色/棕黄色的麂皮鞋，或划船鞋）就组成了不错的鞋履阵容。至于外衣，一件全棉华达呢宽身雨衣（总是棕黄色的）和一件结实的粗呢外套（总是棕黄色或藏青色）就够了，尽管很多年轻人还会备一件全棉的巴拉库塔[1]（Baracuta）高尔夫夹克（也是棕黄色的）。一件粗花呢运动夹克（海力斯粗花呢或雪特兰羊毛质地）或是一件藏青色单排扣外套就足以应付半正式的场合，一件灰色法兰绒西装可以穿去正式着装场合。夏季的半正式着装之选是泡泡纱西装或棕黄色府绸西装，更自信的学生则会选择马德拉斯面料的运动夹克。在更加正式的场合，一件纯深灰色的薄型精梳羊毛西装会很适宜（配套的裤子还可以跟运动夹克搭配）。半打领带再加上一些必备的内衣、袜子、睡衣和手帕，就组成了基本的衣橱。

---

1. 巴拉库塔：英国经典的服装品牌，于1937年创立，尤以G9夹克最为经典，特别的设计和面料兼顾防风防水的功能，也是全世界最为著名的男装之一。——译者注

如果一个年轻人正确无误地准备好了这些剪裁得当、风格得体、制作精良的衣物，那他就能自豪地出入于任何一种场合，无论是与导师会面、参加教职员工茶话会、出席校园舞会，或是去工作单位面试。这样的一个衣橱相对比较简单，但是这些基本款衣物的裁剪和质量方面有些微妙之处，让它们变得不那么寻常。比方说，一件真正的常春藤风格运动夹克一定会有个特别之处，它在翻领处（有时候是衣领边缘、口袋翻盖或是接缝处）会走一条四分之一英寸的针脚。这是个彰显运动风格的元素——就是类似于这样的小细节，看起来不起眼，很容易被外行人忽略，但对于懂行的人来说至关重要。关于这些小细节的知识，说得严重点，是区分开真正属于这个群体的成员和只是穿上这些衣服的人的关键。EEE 群体的小说家路易斯·奥金克洛斯[1]曾在他的一篇小说中指出（应该是《曼哈顿独白》，因为这是我最近读的一本）："对于没经过训练的眼睛——有时候甚至对于那些受过训练的眼睛——从看台上看下去，所有的马都别无二致。"

一件好的夹克总是三粒扣，肩线落在自然肩处[2]，胸部的剪裁柔软自如，腰间没有腰褶[3]。这种西装通常被称作"布袋型西装"（sack），因为它们没有收腰线，就像一只布口袋挂在肩膀上。衣领大概占胸部三分之一宽，而真正的行家还能很快指出夹克背

1. 路易斯·奥金克洛斯：美国作家。他的小说和短篇小说主要关注纽约上层社会的行为举止和道德问题。——译者注
2. 自然肩处：相比较于自然肩线西装，普通的西装肩线通常稍宽于肩膀。——译者注
3. 腰褶：指普通西装腰间的两条竖线剪裁，起到收腰的效果。——译者注

后一定要有个钩形衩，即开衩处一定要有一个弯曲，也就是说开衩的部位并不在正中间，而是向右边偏大概一英寸。

裤子的剪裁也很舒适，修身而宽松，正好搭配布袋型西装。没有裤脚卷边，也没有打褶，总之就是尽可能朴素，通常要搭配不同的腰带（背带裤、吊带裤之类的都属于20世纪50年代的过时人士、没有安全感的人，或是盲目跟风的人）。毋庸多说，这一切都不应该是崭新的、锃亮的、硬邦邦的。质量意味着耐用：雨衣、卡其裤、粗花呢外套、鞋和毛衣，最好都稍微磨损一点、弄皱一点。人们追求的是岁月带来的使用痕迹及其营造出的漫不经心之风度，一种“富贵世家”的感觉。

当然，这些基本款的服装还远远不能代表全部。常春藤商店里还有许许多多的单品以供校园里的花花公子们挑选：用真正的古茜草染色的佩斯利涡纹旋花纹领带和口袋巾，橄榄绿色缎纹的或黄褐色斜纹的骑兵裤，细平布的饰耳领或圆角领衬衫，鞋底厚实的科尔多瓦革或苏格兰纹理翼尖皮鞋，夏天穿白色帆布裤或马德拉斯布衬衫，冬天穿昂贵的羔羊毛毛衣。讲究的年轻人还可能花重金买一件骆驼毛的马球外套。配饰包括五彩缤纷的羊毛腰带，末端饰有皮革和马蹄形黄铜搭扣，同样五彩缤纷的菱形花纹袜子，格子呢开司米围巾，真丝涡纹图案口袋巾，塔特索尔马甲，亮色条纹的表带，以及粗花呢平顶帽。

然而，你所面对的选择就这么多了。对大多数学生来说，双排扣西装和纱罗颈饰、麂皮鞋、狩猎夹克、珐琅袖扣、芝麻花呢单排扣大衣，以及爱尔兰亚麻长裤简直是想象力之外的东西。那时候你不必去思考什么时候该穿什么。我们似乎都知道

什么场合该穿夹克和领带，而健身装备也只属于健身房。那时候，就像人们所说的那样，是个更简单的年代。

我在高中第一年的时候给自己买了第一件常春藤联盟装备——一件漂亮而温柔的灰褐色人字纹哈里斯粗花呢运动夹克，有一排蓝色的纽扣，配一双皮质乐福鞋——购自我们宾夕法尼亚州阿伦顿当地的百货商店，就像全国各地大多数不错的百货商店一样，那家商店的男装部里有属于常春藤联盟风格服装的一角（后来这个区域可能被称为“精品区”了）。通常这样的区域四壁装饰着木质墙板、皮质高背扶手椅和格纹地毯，营造出一种老派大学俱乐部的氛围。但是这个故事真正的开始，那个让我的人生从此发生了明显变化的瞬间，是我第一次走进一家正宗的校园商店。

那是1956年，在宾夕法尼亚州伯利恒一家叫作汤姆·巴斯商店（Tom Bass Shop）的店铺。这家校园商店为宾夕法尼亚州李海山谷（Lehigh Valley）的数家地方高等院校服务：摩拉维亚（Moravian）、米伦伯格（Muhlenberg）、拉斐特学院（Lafayette Colleges）和李海大学（Lehigh University）。我当时还在读高中第二年，觉得自己终将进入那伟大的联盟。从某种意义上来说我做到了。几年之后，汤姆·巴斯就被GQ杂志评为了国内最好的几家校园商店之一。

在这家汤姆·巴斯商店里，苏格兰毛衣和英国雨衣、秋天穿的杂色哈里斯粗花呢夹克和春天穿的灰白条纹泡泡纱外套堆到了天花板那么高，大叠大叠的纯色或条纹牛津布衬衫简直是色彩的狂欢，还有一整墙的黄铜货架上堆放着斜纹真丝颈饰，让我这个年轻人看得目眩神迷。

直到多年后的今天，那里无穷多的选择仍让我目眩神迷。就像我提到过的那样，那里最流行的就是马德拉斯布：不只是运动夹克和长裤，还有短裤、蝴蝶结领结、帽圈、游泳短裤、运动衫甚至表带，面料都是这种来自印度的、色彩纷呈的“渗色”棉布，这种布经过水洗，颜色互相沾染后看起来效果却更好。卡其裤和法兰绒长裤都要搭配一条低低地悬挂在后兜上方的紧身装饰腰带。古茜草染色的领带和适合搭配粗花呢夹克的佩斯利螺旋花纹丝毛料领带，都象征着佩戴者的真诚和可靠。很多青年男女真的会在维京（挪威语中的“Weejun”是挪威渔民日常穿着的鞋）便士乐福鞋里放上一枚便士[1]。你可以从马鞍肩的设计中看出一件正宗的雪特兰羊毛圆领毛衣，或是从一双干净无瑕的防水靴中看出它的主人只是个初来乍到的新人。同理，一件伦敦雾（London Fog）或是雅格狮丹（Aquascutum）牌的雨衣也绝对不应该是干净的。

还有许多二线的常春藤联盟服装供应商——称他们为二线，是因为一流的品牌都有客户定制服务，通常只贩售有限的品牌——那些提供上等品质服装的品牌，像是甘特（Gant）、特洛伊公会（Troy Guild）和塞罗（Sero）的衬衫；伦敦雾（London Fog）、巴宝莉（Burberry）和雅格狮丹（Aquascutum）的雨衣；绍斯威克（Southwick）和诺曼·希尔顿（Norman Hilton）

---

1. 为了避免硬币在口袋里发出响声，名校学生会在乐福鞋脚背饰带上的菱形切口里塞入一便士硬币，可以用来打公共电话或是搭车。因此这款乐福鞋被称为便士乐福鞋。——译者注

的定制服装；奥尔登（Alden）和巴斯（Bass）的鞋履；普林格尔（Pringle）、阿兰·佩因（Alan Paine）和柯基（Corgi）的毛衣；带帽兜粗呢大衣（来自 Gloverall）；以及其他很多如今已经被人们所遗忘的高品质品牌。

这些品牌（其中有很多至今依然为人们所熟知）证明，常春藤风格的历史相当长——演变的过程同样也很长。我的朋友、博客“常春藤风格”的博主克里斯蒂安·陈斯沃德[1]曾精确地把它的历史划分为几个不同的时代：

> 独立年代：1918—1945 年。F. 司各特·菲茨杰拉德，爵士时代，乡村俱乐部，东部企业精英。
>
> 黄金时代：1945—1968 年。艾森豪威尔和肯尼迪的时代，到越战和爱之夏[2]、伍德斯托克音乐节。
>
> 黑暗年代：1968—1980 年。从嬉皮士风格到预科生风格和拉尔夫·劳伦。
>
> 大复兴时代：1980—21 世纪。从预科生风格到日式常春藤再到复古风潮（Heritage Chic）。

就像克里斯蒂安说的那样，从 1960 年中期到 1980 年左右，常春藤风格逐渐消退，拉尔夫·劳伦却成功将这一风格的服装

1. 克里斯蒂安·陈斯沃德：时尚作家，著有《该死的考究》（*Damned Dapper*）等书。——译者注
2. 爱之夏指的是 1967 年夏天，约有十万来自世界各地的年轻人聚集在旧金山进行嬉皮士文化运动。——译者注

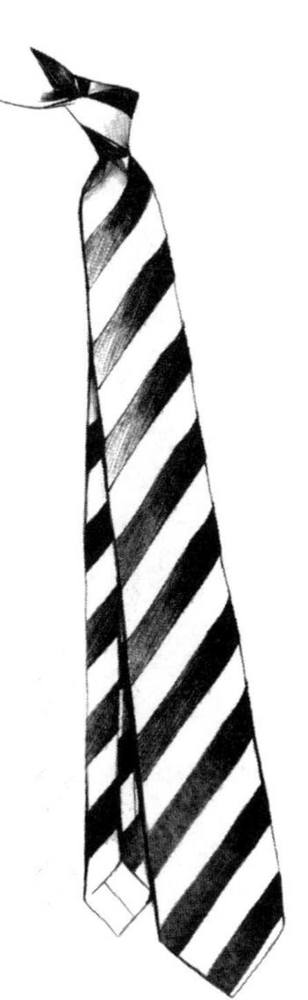

投入大规模生产，并成为唯一还在出售它们的大品牌（尽管其他设计师也曾尝试过做到这一点）。劳伦第一个服装系列包括一系列宽领带，效仿的是英国设计师迈克尔·费舍（Michael Fisher）推出的“咸鱼”领带[1]（kipper tie）。这也正是伍德斯托克音乐节举行那一年。你可能会觉得那段时间的时装潮流简直不能更差了，好在劳伦本人曾经是穿布鲁克斯兄弟的名校生，对于常春藤风格有不错的认知和品位。他从布鲁克斯兄弟、奇普和 J. 普莱斯这些品牌中学到不少，并把自己的男装系列设计成一种具有盎格鲁血统的美国风格，其中充斥着明亮的粉彩、粗花呢、灰色法兰绒和老派领带等元素。我的个人观感是，他在那些被商务服装占领的黑暗岁月里，比任何人都更努力地想要把哈里斯粗花呢外套留存下来。他们应该在赫布里底群岛[2]给他立一座雕像。

劳伦堪称预科生风格之父。只有他坚持传承了这份文化基因，而其他美国设计师都放弃了传统，转而去追求更欧化的风格：比如阿玛尼在 70 年代推崇的超宽肩设计或是卡纳比街风格[3]，后者的堕落程度令人难以言表，简直可以被钉在坏品位的耻辱柱上。不过坚持自己的内心终将获得回报，劳伦在那个黑暗

1. “咸鱼”领带（kipper tie）：一种较为宽大的领带，往往有 4.5 到 5 英寸宽，花纹通常都很花哨，包括鸟类、动物、花卉等，色彩明快大胆，在六七十年代非常流行。——译者注
2. 赫布里底群岛：位于英国苏格兰西部，是重要的羊毛产地。——译者注
3. 卡纳比街（Carnaby Street）：位于伦敦 Soho 区，在 20 世纪 60 年代是披头士、滚石、性手枪乐队等英国摇滚界传奇人物的聚点，也云集着众多小众独立、另类反叛的服装店，被公认为“摇摆的 60 年代”的标志之一。——译者注

的年代成了唯一闪耀着品位之光的灯塔。那些扎染，那些花之子的图案，那些邋里邋遢的时装风潮，还有来自意大利的如同超人的奇怪造型都逐渐消失在岁月的长河里，常春藤却还在。

拉尔夫·劳伦也还在，还有更多的人用自己的方式在诠释美国常春藤风格，像是汤姆·布朗和迈克尔·巴斯蒂安，以及一系列更小众的设计师品牌、时装博客、网上商店，还有许许多多日本品牌和制造商。

布鲁克斯兄弟现在被意大利企业收购了，可能变得更国际化了一些。但是常春藤风格一直延续着纯正的美式基因，从 20 世纪早期这种风格刚刚起源，一直到不断演变和进化的今天。

15

保养

MAINTENANCE

谢天谢地，家居清洁领域的大部分脏活累活都已经成为往事。改进的卫生条件、化学溶剂、坚固的染色技术、人造纤维面料，以及在面料制造工业方面的种种进步，都大大地解放了我们。这一切都让衣物保养几乎成了一个上古词汇，因为我们现在生活在一个随意丢弃的世界里。我们不保养东西，我们买新的。

但是这股用后即弃的风潮可能很快就要被逆转。我的预测是——相信我，我并不是很享受扮演先知的角色——优质产品的价格会继续上涨（因为优质原材料稀缺，而优质劳动力的价格也在上涨），而对于那些拒绝接受廉价劣质的一次性用品的人来说，衣物保养在未来会变得越来越重要。在明白了这一点后，我想就此为你提供一些建议。这些小贴士并没有多强的技术性，更像是常识和经验的混合。可以说是来自实践、久经考验的真知灼见。

我想先分享一条小哲理：买奢侈品是最划算的。这就是所谓的“钱能买到的最好的东西”。我不是在鼓吹人们应该买很多衣服，或者说要买最贵的东西。实际上这二者都是误入歧途。我的想法是一个人应该买自己所能承受的最贵的东西，而不是纠结于划算与否。真正的划算意味着好品质。我们都习惯于只考虑买一件东西时最初的花销，这可是一个代价惨重的失误。我们应该把眼光放长远些。

好衣服应该——并且能够，如果你勤于保养——可以穿上数十年后依然保持良好的状态，比新衣服更好看、更好穿；而便宜的衣物穿上一两季就会变形、走样。如果它们能撑上这么久还没坏的话。如果你有好衣服，那你就会想好好保养它们，以便一直穿下去。显而易见，好衣服能让你受益更多。当然，如果你是那种在季末时会把所有衣服都丢掉，然后购买最新、最时髦的衣服，那以上建议对你无效，我建议你就不用读下去了。比起快速消费品，我还是对保养衣物以便长久穿着更感兴趣。

耐用和保养是分不开的。人们常说衣服就像朋友：随着岁月流逝，与你越发亲密。同时衣服和朋友都应该勤加维护。这二者都需要殷勤呵护、尊重有加、温柔以待，并且付之爱意。如果出现了小小的嫌隙，必须及时处理，否则终将造成不可挽回的破裂。

衣物的保养同样有两种形式：日常的和专业的。我们都应该每天保养自己的衣物，也应该知道哪里可以获得专业的保养服务。最理想的日常保养应该是：1. 轮流穿戴不同的衣物，让它们得以在两次穿着之间获得休息；2. 穿着之后及时清洁，并保持通风，意思是要用软毛刷子刷掉面料上的灰尘，并擦干净鞋子上的泥土，然后把它们放在宽敞通风的地方（以便附着在衣物上的汗水蒸发）至少 24 小时；3. 把它们存放在衣橱或者其他容器里，比方说壁橱。说到最后一点，如果你花上一笔小钱投资一些上好的木质衣架和鞋楦来悬挂衣物（针织衣物永远不应该被挂起来，应该折叠保存）、储藏鞋履，一定会物有所值。

专业保养又是另一回事了。改衣裁缝、洗衣店、干洗店和修鞋铺子都是保养衣服时不可缺少的去处。裁缝、鞋匠和衬衫匠都会很乐意修理、翻新自家的作品，但如果要是让他们改动其他工匠的手艺，那可能会有点为难。因此你应该找些专攻修

理、改动或清洗衣物的专业人士。

虽然在这里讨论的是衣物清洗的问题，但我还是要申明我反对过度的清洗。有人曾怀疑美国人在广告的宣传下，对超过常人理解范围的绝对清洁产生了不正常的狂热——通常而言，斑点、污渍、褶皱和一点点灰尘对衣物带来的损害，远远及不上过度清洁带来的危害。除非在极端情况下，我们不应该在每次穿过定制衣物甚至是毛衣之后都清洗它们。清洗时使用的化学溶剂和熨烫的过程会损伤（折断或使其干枯）面料纤维，使其变得发亮、扁平、毫无生气。最好能局部清洁有污点的地方，同时不要过于介意一点小褶皱。优质的法兰绒、粗花呢、亚麻和棉布在经过穿着后其实看起来更美观。

除此之外，当你的衣物出了一些没法在家里自己解决的问题时，技术上佳的干洗店、洗衣店和修鞋铺子就可称得上是如同金子般珍贵了。然而找到一位称心的专家却常常只能靠运气。我希望这个问题能有个简洁明了的答案，因为几乎每周都有人想让我推荐衣物保养之处，我却常常让他们失望而归。

我的心得是，就像好的手工艺从来都不便宜一样，好的衣物保养服务也相当昂贵。付出多少，就得到多少。记住这句格言吧，然后再来看以下这些普适的原则。

1. 阅读衣服上的成分含量标签。按照法律规定，衣物的标签上都应该注明面料成分。这些信息对于你和专业清洗工来说都很重要。标签上还会有相关的洗涤说明（例如“仅供干洗”），这对于合成纤维或混纺面料来说尤其重要。你要遵循衣物制造商的建议。

2. 刷衣服和通风是保持衣物洁净、美观的最佳方式。衣物在穿着之后要刷干净上面的灰尘（附着的灰尘会侵蚀衣物），最好使用特制的软毛刷，然后把衣物悬挂起来通通风，散掉可能附着在上面的气味。然后再把它们挂进衣橱，注意要留出足够的空间——衣物之间大概保持1英寸的距离——以保证空气流通。请不要把它们丢在椅子上，这会产生褶皱和气味。至于那些把衣物丢在地板上等着别人捡起来的人，我们在此就不做讨论了。

唯一的例外是针织衣物，它们永远不可以被悬挂起来（这会让衣物受到拉扯），而是应该在折叠后保存在架子上或抽屉里。开司米这种奢华的针织物可能还要再包上一层防蚀纸，用以预防褶皱和起球。

3. 一定要尽快去除衣物上的污渍和斑点。先尝试最温和的手段，在衣物不显眼的地方（像是衣袖或者侧缝线的内侧）试验一下清洁剂。如果在沾染污渍后当即就浸入冷水，然后用另一块干净的布吸干衣物，可能会收到奇效。

4. 专业的熨烫实际上对织物的纤维有所损伤，作为替代，你可以尝试家用蒸汽清洁器或是沸腾的茶壶，甚至可以在洗澡时把衣物挂进浴室里。这样可以轻易去除衣物上的褶皱。总的来说，应该尽可能避免熨烫衣物，这会造成磨损，让织物被磨平发光，并折断其中的纤维，特别是在起褶皱的地方。如果不得不熨，最好不要让熨斗直接接触羊毛或丝绸。拿一块洁净、微湿的棉布或亚麻布（手帕或茶巾就很合用）垫在衣物和熨斗之间，从比较低的温度开始熨烫——你可以随时提高温度，但过高的温度会在瞬间造成永久的损伤——轻轻压在衣物上，就像安抚一只猫咪那样。

5. 你没有什么理由不去学学缝扣子的正确方法。实际上这是每个男人都应该掌握的技巧。当今世界随处可见低劣的手工，扣子似乎也注定是要崩掉的，而且通常是在不合时宜的场合——如果有任何适合扣子崩掉（而不是被解开）的场合的话。看起来现在就连上等衣服的扣子也缝得不是那么用心。自己来做这样的小修理既快又省钱，比起把衣服丢给别人来处理让人感觉不那么悲惨。缝扣子的技能相当简便易学：用好的线（纺织工口中的“纽扣线”）；确保扣子的正面朝上；在四孔纽扣上缝出一个 X 形，把针穿过织物（经过简单练习你就能做得很漂亮）；用线在扣子和织物之间绕上几圈；打结，剪断线。

6. 改衣服也许非常值得，一个诚实的专业裁缝会告诉你哪些衣服是可以改的。一个好裁缝或是针线女工能帮你换一个衬衫领或重做袖口——这些部位最容易磨损——让你的衬衫重新焕发生机。也不要因为内衬磨损就把外套丢掉，内衬是可以换的。说了这么多，关键还是要找一个可靠的裁缝或针线女工。一个好裁缝只会在四分之一英寸内做文章，也就是说，如果有人跟你说他可以帮你把一件夹克改小或者放大两英寸以上，同时还能保证衣服挺括，那这肯定不是个能干的手艺人。好的裁缝会拒绝这样的要求，因为他知道如此大的改动会彻底改变衣服的线条和廓形。

除了把衣袖和裤腿改短或加长，还有一些其他的安全的改衣服方式：

把裤腰改小或放宽

把裤管放宽或改细

外套收腰

裤裆放长或改短

以下改动比较复杂，最好寻求专业裁缝的帮助：

调整衣服背部或衣领

收窄肩部

收窄衣领

把外套放长或改短

衣服胸口放宽或改窄

当然，以上建议都是针对衣服的，但是我们衣橱里还有些更大笔的投资，比方说鞋履。我指的不是那些用合成纤维制作而成的运动装备，它们穿在脚上简直就像是鸭掌。我说的是各种古典款式的皮鞋：布洛克鞋（brogues）、德比鞋（derbies）、“一脚蹬”（slip-ons）以及牛津鞋（city oxfords）。无论属于何种风格，一双好皮鞋通常全部是用优质、精制的牛皮制作而成，从鞋里、鞋帮、鞋面到鞋底。不同皮革可能有不同的重量、纹理和颜色。有些甚至是翻毛皮的，也就是麂皮。一双典型的好鞋，鞋面和鞋里都是小牛皮，至于底部——鞋底和鞋跟——采用更牢固和耐磨的皮革（更多关于鞋履的讨论，参见第 20 章）。

提到擦鞋，人们似乎各有一套秘传的规则。如最喜欢的混合鞋油、秘密的擦鞋技巧什么的。在此我们就别像谈论闺闱秘事一样神神秘秘地谈论鞋子了，直截了当一点比较好。

关于养护皮鞋，第一点要强调的就是鞋子应该换着穿，每穿着一天后应该让其休息一天。在鞋子里放上鞋楦，这可以维持鞋子的挺括，并吸收脚汗，最佳的选择是雪松木鞋楦，因为它吸湿性强并且气味芬芳。如果鞋子在雨雪天气中被打湿，脱下来以后让其在室温下逐渐干燥。等鞋子完全干燥后，拿一块湿布擦干净灰尘。

擦鞋时，千万不要选择液体或含硅的制剂。只能用上等、优质的鞋乳或鞋蜡。找一家好的修鞋铺子，让他们推荐一款。鞋乳通常是用一块布来上，而鞋蜡则是用软刷。先把鞋子涂上鞋油，然后用一块布或抛光刷擦拭。鞋底的边缘和鞋跟也可以用同样的制剂，但是另外再买一支防水喷雾也没什么不好。

麂皮鞋，则是把皮革的内面（或者说不光滑的那一面）用在了外部，因此需要不同的护理方法。永远不要抛光一双麂皮鞋，或是使用人工合成喷雾。护理麂皮的唯一选择就是软刷和橡皮擦。我发现用来洗蘑菇的刷子就很合用。坚硬的钢丝刷对麂皮来说太粗糙，很容易撕扯损坏麂皮表面的绒毛。当你用刷子去除尘土时，要顺着一个方向刷，因为绒毛会倒向刷子运动的方向。如果有刷子去除不了的污渍，试试用橡皮擦在斑点上轻轻划圈。

如果你对于用珍奇皮革——鳄鱼和短吻鳄、蜥蜴、鸵鸟之类——制作的鞋子感兴趣，你应该向零售商或制造商咨询护理方法。但是无论你的鞋履是什么样的，你都该买个好的鞋拔子。你不会想要穿着一双脚跟处被踩塌的鞋子走来走去，就像没有人想穿一件衣领磨损的衬衣或是佩戴一条脏兮兮的领带。就像《红男绿女》(*Guys and Dolls*)[1]里的阿德莱德小姐说的那样："我们是文明的种族。我们不想看上去像是粗人。"

1. 《红男绿女》: 1955 年好莱坞歌舞片，由马龙・白兰度和弗兰克・辛屈纳主演。——译者注

16

格言

MAXIMS

警句格言，这种最迷你的文学形式，并不是法国贵族弗朗索瓦·德·拉罗什富科（1613—1680）发明的。当他于1665年出版《人性箴言》(*Reflexions ou sentences et maxims morales*）时，欣赏警句格言早就是17世纪巴黎沙龙里的一种时髦游戏了。但是他的这本小书确实让这种文学形式更加流行。莱昂纳多·坦考克在为企鹅出版社出版的《人性箴言》写的序中表示，格言警句是“向世人传达精深思想的最清晰、最优雅的媒介”。无论这句话是否准确，这种形式最大的特点就是用最少的字数表达最深刻的含义，同时还要兼顾巧妙和精确性。拉罗什富科本人也写了一些关于风格和着装的格言警句，这似乎确实是传达风格奥义的最佳媒介。

以下这些观点肯定曾经被别人以更长、更详细的形式阐释过。但是既然我总是擅长给文章的开头想出妙句——那些剩余的部分让我比较烦恼——我想我应该也试试这个体裁。

1. 风格是将时尚化为个性的艺术。

2. 时尚用粗斜体醒目写就，风格却隐藏在字里行间。

3. 想要干脆利落地做事，需要付出加倍的思虑和努力。还需要上好的审美。

4. 一个现代主义者的美学理论：审美越好，风格越微妙、越简单，也越难以被破译。

5. 风格和品位是一种独特的智慧。

6. 故作潇洒的风格是一种关于优雅的心理胜利。

7. 在品位这件事情上，如果你能好好看清一棵树，那就不必去看整片森林了。

8. 关于风格，不论对错。就像诗歌，存在即是合理。

9. 有意识地避开时尚，本身就是一种时尚。

10. 比起其他任何服装，夸张的运动装会让大部分人看起来更不运动。

11. 在这个充满了不同选择的世界里，品位的象征就是知节制。

12. 服装会说话。实际上它们从不沉默。如果你听不见它们，也许是因为你不是正确的听众。

13. 巴尔扎克曾说过，奢华也许没有优雅昂贵。但二者都没有时尚昂贵。

14. 制服代表着包容，也代表着排斥。

15. 穿对了衣服，得到想要的东西会容易得多。

16. 穿错了衣服很可能要比说错了话更令人尴尬。

17. 精确的着装是焦虑不安者在精神上的庇护所。

18. 审美上的评判很难超脱出产生这种评判标准的文化背景。

19. 故作潇洒的着装，目的在于暗示其低调外表之下的力量。

20. 大多数人以为自己花钱买到了风格，但其实他们只买到了衣服。

21. 设计师为每个人创造时尚，但每个人都要靠自己创造风格。

22. 体面着装事关礼貌，而非其他。

23. 时尚从业者最擅长操控人心。

24. 服装是社交工具，就如同语言、礼仪以及幽默感。

25. 真正的风格从来无关对错。它关乎做你自己。有意识地。

17

印花混搭

MIXING PATTERNS

想把衣服穿出风格、穿出个性，主要得看印花图案。不，应该是各种印花图案。在这里，复数才是关键所在。

有时候，印花图案的混搭就像是可能引爆造型灾难的重灾区，但它也可以帮你从平庸大众中脱颖而出，摇身一变成为超凡脱俗的富贵闲人——那种既有品位又有品质的人。让我们学习几条关于这个话题的小贴士。

如果我们有机会客观地观察一个品位上佳人士，就会在他的衣橱里发现以下几条铁律。他们的衣服都非常合身，并且尽量避免大面积的明亮色块。大多数人还很擅长于根据比例进行各种印花图案的搭配。他们知道印花图案的碰撞（给自己的备忘录：试试把“碰撞印花”这个名字卖给哪家摇滚乐队）肯定要先抛开比例。

如果你要把宽宽的条纹、密集的彩格和明亮的格纹穿在一起，你很可能会把小朋友逗得很开心，同时刺痛成年人的视觉神经。只有把不同印花图案的比例稍微调整一下，眼睛才能更好地找到视觉重心。否则你看上去就会像一幅埃舍尔[1]的镶嵌作品。

我们应该首先关注胸部的搭配——这牵涉到外套、衬衫、领带和口袋方巾——因为大多数人的视觉重心首先会落在你脸上，其次就是胸部。想要在这个区域进行印花图案的搭配，最直接和简单的方法就是让注意力集中在某一个印花单品上。比方说，一条色彩明亮的领带，其他单品都会在它的映衬下成为

---

1. 埃舍尔：M.C. 埃舍尔（1898—1972），荷兰科学思维版画大师，作品多以平面镶嵌、不可能的结构、悖论、循环等为特点。主要作品有《观景楼》《上升与下降》《瀑布》等。——译者注

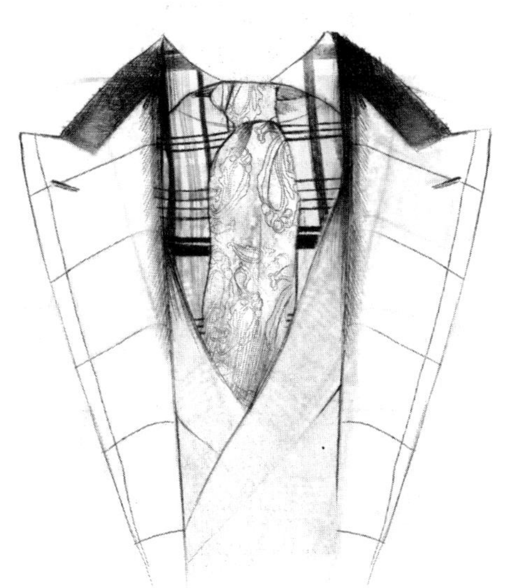

面目模糊的背景。但这个方法的风险在于，每个人都只会注意到领带，而不是你。让衣橱里的某个单品成为全场焦点并不一定能解决问题，更有可能制造问题：这会把穿着者和服装分离开来。“可爱的领带”，他们会在你离场后这么说，但是有人会记得戴这条领带的人吗？无意之间你给自己制造了一个障碍，而不是解决了一个障碍。

那我们就可以考虑另一条常见的法则了，通常适用于那些对时装仅有最基本认知的人：永远不要同时穿超过两种印花图案。同样地，这本身没什么问题：很容易实现，也确实有效。这看上去是非常安全的做法——如果你的追求就只有这么一点的话，这样做挺好。在我们讨论的四种印花图案中选择两种来进行搭配，这完全合理。这是个完美而安全的选择，尽管暴露出的是你在时装搭配方面非常有限的想象力。

是时候抛下那些青涩的入门者，在时装艺术之旅中继续探险前进了。温莎公爵（1894—1972）是这个领域中的大师级人物，他很有可能也是20世纪上半叶拥有最多相片的人。他是博·布鲁梅尔（你可以在本书引言中了解到他的更多事迹）最完美的对照。布鲁梅尔的个人风格是非常简洁的，温莎却在萨维尔街传统定制时装的基础上搭配出了繁复华丽的巴洛克风格。他热衷于色彩明亮的粗花呢，这一点酷肖他的父亲和祖父。他最擅长的领域就是搭配格纹、彩色玻璃般的彩格、粗条纹和苏格兰格纹，此外还要配上条纹衬衫、印花夸张的领带、菱格图案的袜子和佩斯利涡纹的口袋巾。很多与他同时代的矜持的英国绅士贵族觉得这实在是太浮夸，甚至将其比作音乐大厅的走廊那般俗艳。说起来，历史其实是在不断重复的，因为温莎的祖父爱德华七世也是出了名地热爱色彩明亮的粗花呢、浮夸的颈饰、绿色的提洛尔斗篷和洪堡帽[1]，在很多上流人士看起来“更像是外国男高音之类的”，而不是一位真正的英国绅士（这是里顿·斯特拉奇[2]的原话）。很多上流阶层的英国人觉得温莎（作为一位年轻人、一位国王，以及一位皇家闲人）“不是很像我们这种人”。他才不在乎呢，比起沉闷的乡村府邸休息室，他还是更喜欢夜店。

但是公爵心里很清楚自己穿的是什么。作为真正的时尚先锋，他机敏地觉察到维多利亚时代盛行的黑色细平布即将过气，色彩和印花图案即将成为男性衣橱的新宠。同时他也知道，唯一正确穿着一件夸张图案西装的方法——比方说众所周知他最爱的格伦厄克特格子呢——就是用其他印花图案来减轻它的视觉冲击。图案鲜明的面料如果搭配上素色面料，效果会夸张到让人受不了。想象一下，一件深色的条纹精纺毛料西装如果搭配上纯白色衬衫和深色的素色领带，确实是挺优雅的，但对于有些场合来说也许太夸张了吧？如果搭配的是细条纹衬衫或领带，所带来的视觉冲击就要小得多了。

这其中隐藏的目的在于不要让任何一个单品带偏了关注的焦点。平衡各种印花图案的比例可以让各个单品主次有序：如

---

1. 洪堡帽：这种小礼帽最初是德国男用帽，硬毡，帽顶凹形，帽缘上翻，是当今社会中最常见的礼帽样式。——译者注
2. 里顿·斯特拉奇：英国著名传记作家。毕业于剑桥大学，与法国的莫洛亚、德国的茨威格，同为 20 世纪传记文学的代表作家。——译者注

果衬衫和外套的印花图案占有同等的分量，那眼睛怎么能区分开应该注意哪件单品、忽视哪件单品呢？纯色通常能把印花图案衬托得格外显眼，使其边界过于清晰，就像是剪影一般。而让各种印花图案混搭起来，则让边界被弱化和模糊，增添了和谐的感觉，也让我们不会把注意力过多地集中在某一件单品上，这就像是一种视错效果。尤其是如果整套造型中贯穿着某一种特定的颜色，各种不同的印花图案能混搭出非常不错的效果。

最完美的例证请参见1964年霍斯特[1]在温莎公爵位于法国的乡村别墅里为他拍摄的著名照片。当时公爵身穿一件海军蓝带白色大套格的雪特兰羊毛粗花呢西装，搭配白色和海军蓝小格子衬衫、迷你格纹丝绸领结，配饰则是一条短吻鳄皮带和印花口袋方巾。我不知道当你看见这张照片时脑海中会冒出什么想法，对我而言，它让我看到了优雅着装的最高境界。那是一种既注重穿着但又并不刻意的形象。有意思的是，这个造型让观者更注重的是穿着者本人及其个性。就像普林斯顿大学的神学教授、时髦的康奈尔·韦斯特博士在一次电视采访中说过的那样，时尚只是回声，风格才是声音。这就能说明问题了，不是吗？

1. 霍斯特·P. 霍斯特（1906—1999）：出生于德国，1943年移居美国，成为当时时尚界摄影的先驱人物之一，曾为法国和美国版 *Vogue* 杂志长期担任摄影师。——译者注

18

口袋方巾

POCKET SQUARES

从某些层面讲，口袋巾是最有趣又最能透露性情的配饰。因为佩戴时你所做出的种种选择都是无关实用性的：颜色、质地、图案都必须考虑到。其次还有摆放位置的问题，以及它和身上其他单品的关系。要协调一致还是形成反差，抑或是衬托出其他单品？最后你还要考虑的是——容我从美食评论家们那里借用一个术语——呈现形式。

问题在于，一个男人眼中的和谐搭配可能在另一个男人看来却是过分刻意的体现。从心理学的角度上来说，完美的搭配往往给人留下两种印象：要么是明显的刻意和不自然，要么就是完全相反——这男人是他的妻子或者售货员一手打扮的。前者让我们感受到的是虚荣以及顾影自怜的迷恋，后者则体现出孩童般的无能。相比之下，虚荣当然更糟一些，因为它意味着费劲儿。过分的讲究意味着社交的焦虑：缺乏安全感，不知道自己是谁或是该扮演什么角色。这些是华生医生和任何理智的男人都会避开的心理雷区。

此处适用的法则是——正如个人在社会中做很多其他事情所适用的法则——早就被伟大的行为礼仪作家巴尔达萨雷·卡斯蒂利奥内在他的著作《廷臣论》（*Cortigiano*，英文通常称为 The Book of the Courtier）中确立下来，这本于 1528 年在威尼斯出版的书中写道："真正的艺术，为看不出是艺术的艺术。"（见第 22 章"若无其事地耍帅"）

配饰应该营造出微妙的而不是刻意的效果。尤其是得体的商务着装，目的在于打造出平易近人的尊严，而不是看上去就浮夸招摇。在胸袋上谨慎地添加一抹亮色丝绸，属于可以被接

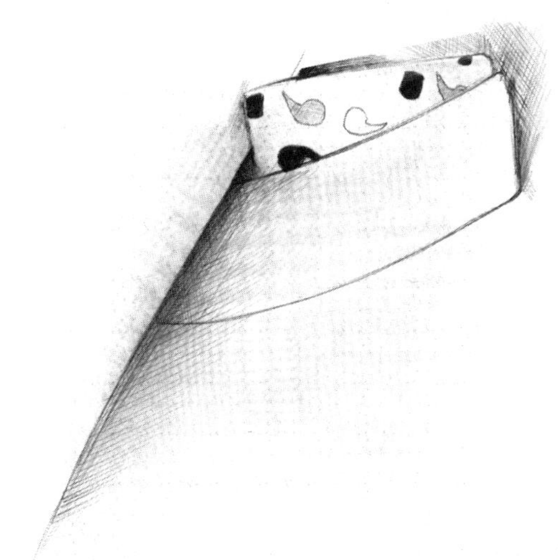

受的修饰。若要更正式点的话，白亚麻或细绒棉则万无一失。

哦，对了，口袋巾还有如何摆放的问题。一字型（square-ended）、多角形（multi-point）、泡芙型（puffed）、饱满型（stuffed）还是蓬松型（fluffed）？说到该如何得体地佩戴它，回溯历史、寻找先例恐怕也没什么用，因为事实上每种样式都出现过。洒过香水的手帕曾被罗马贵族随身携带，中世纪之后的欧洲男女也曾把它当作时尚配饰。到了17世纪，花边手帕开始流行——很可能是由同一时期使用鼻烟的热潮引发的。再晚一些，摄政时期的花花公子们开始追捧洒有古龙水的麻纱刺绣手帕。19世纪20年代，随着英国人取消印度丝绸的关税，印度丝绸方巾开始在英国绅士中流行。30年代兴起的双排扣外套，应该是第一款外边有胸袋的外套，不到十年间，男士们就开始在胸袋里佩戴花哨的手帕作为装饰。阿尔伯特亲王便是此间的狂热爱好者，虽然短命，但他对着装的热爱不输给你能想象到的任何一个男人。

自20世纪初开始，口袋巾便不仅仅佩戴在外套的胸前口袋，也会与背心和大衣进行搭配。20世纪初曾有一股在晚礼服背心上佩戴红色丝质手帕的热潮，这在当时是庄严和品位的象征。20年代的风尚是口袋巾和领带的搭配，同时还不能使用完全相同的颜色或材质，这就导致30年代出现了越来越多对这种刻意搭配的抵制，也引发了一场更追求漫不经心之感的运动，比如在胸前配一块白色手帕，仿佛刚把它抽出来一半时就忘记了那样。或许是因为大萧条时期的社会氛围单调而暗沉，在让五颜六色的运动装流行起来的同时，也带来了这场变革运动。

这场全国上下追求“漫不经心地耍帅”的运动没持续多久。到了 40 年代，民间兴起了一场追求统一协调的狂热，与之齐头并进的那个时期大面积流行制服装扮：衬衫、领带、口袋巾、袜子甚至内衣都是一模一样的颜色和图案。这也开启了一个将“领带配手帕”视作营销和包装界杰作的时代。很多人认为这是成熟老练的最高境界，另一些人却视其为一时的风潮。（不幸的是时至今日，后面这群人可能早已作古，但“领带加口袋巾”这种套装却顽强地延续了下来，尽管只是在一个很有限的范围内。通常一个呆子会把它作为一种礼物，送给另外一个呆子。就像是送一瓶叫作“愤怒的葡萄”的红酒。）

20 世纪 50 年代美国文化的霸权开启，同时也让企业消费主义所推崇的极端整洁外表流行开来。因为最先被电视名人采用而得名的“一字型电视折法”，看起来跟利落、齐整、措辞朴素的政府法令相得益彰。它淋漓尽致地体现出埃森豪威尔年代所树立的严肃刻板形象，而那个年代的众议院非美活动调查委员会[1]对一切偏离标准的事物都格外警惕。这种折法的要义是在口袋沿上方笔直而精准地露出半英寸白亚麻。它和短发、修剪过的草坪、埃姆斯[2]铝框椅一样，都是整洁干净的象征。这种超整

1. 众议院非美活动调查委员会（The House Un-American Activities Committee）创立于 1938 年，用以监察美国纳粹地下活动。然而，它因调查与共产主义活动有关的嫌疑个人、公共雇员和组织，调查不忠与颠覆行为而著名。1969 年更名为众议院内部安全委员会，1975 年被废除，职能由众议院司法委员会接任。——译者注

2. 埃姆斯·查尔斯（1907—1978）：美国设计师。以其颇有创意的椅子系列而闻名，此种椅子均由铝制管和模制的胶合板制成。——译者注

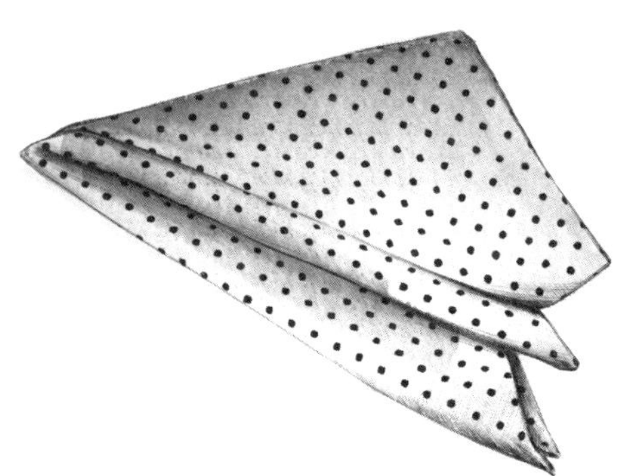

洁的极简派折法大获全胜，尽管它让很多男人显得只不过像是忘了寄掉一封信一样。

在 20 世纪 60 年代，佩斯利涡纹图案的丝质方巾从伦敦开始回归（见第 9 章对男装孔雀革命的讨论），美国男士也开始拥抱欧式潮流，口袋巾包括其中。这段时期的时尚杂志会刊登所谓“泡芙型”口袋巾的打法指南：用一种经过计算，但是看起来不规则而随意的方式，让真丝的褶皱精确地从胸前口袋中冒出来。那些绝对的潮人，比如说弗兰克·辛纳屈，甚至会用亮色方巾搭配晚礼服。

这是摒弃时装上的孤立主义、形成跨大西洋风格的巨大一步——在北大西洋公约组织的关系纽带需要不断修复的时期，这是一个意义重大的进步。肖恩·康纳利扮演的 007 就很钟爱一字式折法，但后来几个版本的 007 迅速适应了其他时代潮流。

顺带插一句，这个年代还存在一种末端设计成泡芙型方巾样式的眼镜盒，它很巧妙地解决了同时需要在胸前放口袋巾和眼镜盒的难题。紧接着，有一些裁缝把彩色真丝面料用在胸前口袋的内衬上，就像是种内嵌的方巾，只要把它们简单地从口袋中拉出来就可以了。我们是变得像邦德电影里那样迷恋装置和发明了么？

说来有趣，2006 年电影《皇家赌场》中初次亮相的丹尼尔·克雷格版本 007，身穿笔挺的深色西装和白得耀眼的衬衫之余，还回归传统搭配了一条白色的一字型口袋巾。这是不是为了证明邦德本质上是一个生性冷血、刻板谨慎的职业杀手而不是间谍头子？或者我们只不过是想复刻出优雅的气质？这条浆洗过的白色口袋方巾之所以存在，只是为了衬托海军蓝的双排扣外套、呼应纯白或条纹的礼服衬衫和马格斯菲特色织真丝领带？又或者说在这个少了些确定和稳定的时代，这种来自旧时光的纪念品能带给我们一种怀旧的慰藉？

但这所有的想法都忽视了最基本的现实，那就是身为绅士就应该佩戴口袋巾。个人经历：我年轻时，有幸作为造型师在一些时装大片拍摄中和著名的时尚和社会摄影师斯利姆·阿伦斯合作。对于细节，他非常专业，并且重视细节。他非常照顾我，并向我传授了提升拍摄效果的造型技巧。其中最严厉的一条建议就是："男性拍摄对象的胸前口袋里永远要有一条口袋巾。这听起来可笑，但如果没有口袋巾，人们看照片时会觉得少了些什么，即使他们讲不清到底少的是什么。"

19

衬衫

SHIRTS

要讨论衬衫，那必须先引用美国诗人简·肯尼恩美妙的同名诗作：

衬衣抚摸他的脖子
在背部熨帖平展
它沿着腰际滑下
甚至潜入皮带之下
——钻进他的裤子
幸运的衬衣。

幸运的人啊。

肯尼恩的这首诗提出了一个常被人们忽略的观点：如今的衬衫——根据其性质分为“正式”与“运动”两类——似乎仅仅为了契合恰当的场合而存在。然而在20世纪之前，衬衫一直都是最常贴身穿的上衣。因此，正如肯尼恩那感情丰沛的诗句所指出的那样，衬衫无论在触觉还是象征意义上，都与肌肤息息相关。

衬衫不仅仅是蔽体的衣物，甚至不仅是身份的象征。我们谈论的不只是布料、针线、纽扣、昂贵的品牌和时兴的设计师这么简单。我们要说的是历史与艺术、技艺与传统。从古到今，裁缝建立声誉靠的就是一条独特的衬衣领和领带。这一点，只要想想影响深远的乔治·博·布鲁梅尔，或者最懂穿衣打扮的两位大不列颠国王，乔治四世和退位的爱德华八世就能明白。

从历史沿袭上来说，没有外套自然不会有今天的衬衫。外套作为穿在最外面的服装——无论是紧身马甲（Doublet）、双排扣长礼服（frock coat）、西装外套、运动夹克还是更为休闲的开衫——逼着衬衫在领口和袖口这些显露在外的部分做文章。

华丽的衣领和袖口最早在文艺复兴时期的意大利和16世纪的英国法庭中崭露头角。伦敦的国家肖像画廊内存有一幅当时朝臣亨利·李爵士华丽逼真的肖像画，由安东尼斯·莫尔[1]绘于1568年。画中的爵士身着精致的便装：黑色短上衣内是一件白底绣花的亚麻衬衫，衣领高耸，领口和袖口都有配套的褶饰花边。这种装饰放在今天的拉克鲁瓦或者拉格菲尔德的女装系列里都绝不会显得突兀，不过在16世纪往后的两百年里，繁复的衣领和袖口一直都是男装审美的主流。实际上，直到摄政时期，外套和衣袖的剪裁更为标准化时，才逐渐出现了较简洁的领袖口设计。

自那之后，男士着装渐渐形成了引人入胜的神秘趣味，这一点体现在纽扣、翻领、衣领剪裁及袖口尺寸的微妙细节上。如果你看不出这些微妙的区别，那只能说明你不是圈内人。审美品位，正如苏珊·桑塔格（Susan Sontag）所见，实际上是文化价值的体现。现代社会中，它创造了大量财富，阿玛尼与拉尔夫·劳伦即深谙此道。

到了19世纪后半叶，简洁无装饰的衣领和袖口成了主流。可拆卸衣领亦风靡一时，直到20世纪20年代，当时还是贵族少爷的温莎公爵及其兄弟们开创了不可拆卸的大开角翻领。这

1. 原文 Anthonio Mor 似有误，应为 Anthonis Mor。——译者注

一简洁漂亮的设计直到今日都丝毫不显过时。这种造型强调的是标准化的比例，它在历史上的重要程度被大大低估了，不过依然对后世影响深远。

衬衫领口是男装极具辨识度的一个部分，因为它直接指向脸部。其倒三角形状在突出面庞的同时，也勾勒出穿衣人的脸型。乔治·布鲁梅尔及师从他学习剪裁的乔治四世对此非常了解（见第1章，也许能说明他们为何能成为19世纪早期时装界的领军人物）。此外还有一位乔治同样理解衬衫领的价值所在，并在这一领域拥有令人望尘莫及的影响力。他就是拜伦勋爵[1]。

说拜伦勋爵发明了现代衬衫领可能有些过头——但至少可以说他推广了一种衣领穿法：领口打开，衣领角度基本呈直线，与锁骨平行，而非围竖着绕着脖子一圈。他不喜欢把脖子紧紧裹住，而是更喜欢大而飘逸的衣领，这种衣领总让人立刻想起这位浪漫主义诗人。他是当时公认最英俊——同时也是最堕落——的男子，在数不清的肖像画中，他有时穿黑斗篷，有时着披肩或夹克，但永远不会少了那一抹宽松挺立、飘逸洁净的白领，衬托出他奶油般的肤色和蜷曲的褐发。找一张1814年托马斯·菲利普斯为他作的画像，便可以领略浪漫主义时期最具影响力的形象。

从拜伦时代开始，领口——男装整体亦然——逐渐向着微妙而节制的慎重风格简化。随着人们在“男性大弃绝”（见简

1. 这里指的是乔治·戈登·拜伦（1788—1824），英国19世纪初期浪漫主义诗人，代表作品《唐璜》。——译者注

介）时代中抛弃了轻浮华丽的装扮，转而选择克制、清爽和精明的着装风格，以塑造新崛起的资产阶级商务、专业的庄重形象，衬衫领的尺寸大幅缩水，风骚不再。正如理查德·森尼特在他颇具争议性的研究《公共人的衰落》中所说："19 世纪 30 年代，男装开始抛弃浪漫主义时期飘逸夸张的线条，到 1840 年，领结紧贴脖颈，不再追求华丽。20 年间，男装线条变得更为简洁，色彩更加单一。"

现在，衬衫设计的原则可以称得上是相当统一了。抛开设计者或制作者之间的细微差异，大家几乎都默认了礼服翻领设计。普遍认为英式宽角领及其各类变种最为正式，其次是传统尖角领、俱乐部式小圆角领，最后是休闲的暗扣领。领针和扣带衣领更多是花花公子等小众群体的选择，近半个世纪以来都没有真正流行过。

各种领型间的主要区别可以细分为三类：1. 衣领尺寸，即领尖长度和开口角度、领背和领口高度；2. 留给领带的空间大小；3. 衣领整体的软硬程度。每一类都有相应的规则，而大部分规则都是——或者说应该是——毋庸置疑的。

选择衣领尺寸的审美原则非常简单：无论当下潮流如何，男士体型越小（指总体的身高和体重），则衣领尺寸越小；脖子越长，则衣领高度越高。领带空间应视所选领结类型而定：领结越大，空间越大（也就是说，材质厚重或打结方式复杂的领带通常应搭配宽角领衬衫）。至于第 3 项衣领的软硬度则纯为个人喜好：有些男士喜欢柔软的衣料，且不在意衬衫有些许褶皱，彰显较为懒散的"不经意"的魅力；而另一些人则希望衣领能

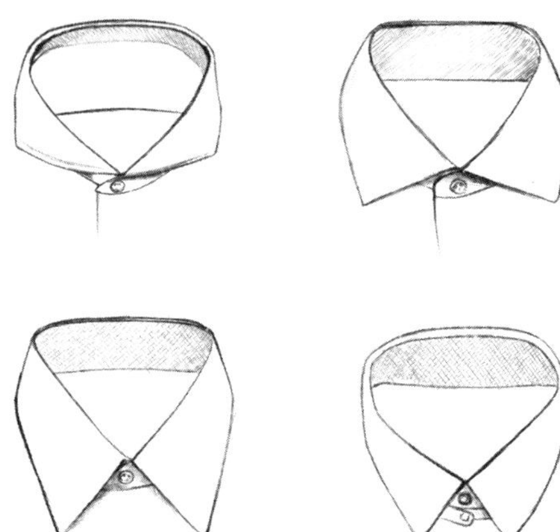

经受住最为严峻的压力考验，永远挺立。这一选择委实要看各人性格。一位精神病医生曾告诉我，看看病人的衣领，他就能了解许多信息。夏洛克·福尔摩斯也是如此。

最休闲的衣领大概要数暗扣领了。这种故作潇洒的衣领容易显得平易近人。究其原因，也许是因为暗扣领衬衫的前身是马球衫——马球运动员穿的衬衫。故事是这样的：1900 年约翰·布克[1]在英格兰度假期间参加了一场马球比赛。出于观察服装细节特点的习惯，他自然而然地注意到英国运动员们所穿的衬衫衣领：较长的领尖用纽扣系在衬衫上。他对此大感兴趣，别人解释说这是为了避免剧烈骑行时，领尖翻起拍打在脸上。布克立刻出门买了几件马球衫寄回家乡，授意员工制作扣领衬衫，并将这一设计加入布克兄弟的品牌。

在布克兄弟，这种衬衫沿袭了“马球领”的名称。当时模仿者之众，差不多每家衬衫公司都推出了自己的马球领衬衫。不过不必担心，大家都说布克兄弟的暗扣衫从未被超越。这件经典款材质为牛津布——传统颜色是蓝色和白色，不过黄色和粉色一直为更有性情的顾客所喜爱——领尖精确至三又八分之三英寸（with precise three-and-three-eighth-inch collar points and simple barrel cuff），并采取单袖口的设计。

人靠衣装指的就是这样的衣服，精明的专栏作家乔治·弗雷泽第一次见到著名作家约翰·奥哈拉时就发现了这一点。弗

---

1. 前布克兄弟品牌主席，品牌创始人亨利·布克（Henry Brooks）之孙。——译者注

雷泽的传记作者查尔斯·方丹给我们讲述了这个故事：

> 有一天晚上在尼克酒吧——纽约格林威治村一间爵士乐吧，奥哈拉是这儿的常客——乔治的朋友，来自波士顿爵士圈的喇叭手鲍比·哈克特，来到奥哈拉桌前，向他引荐乔治。“坐下，喝一杯，”奥哈拉热情地对乔治说，“欢迎你来跟我喝酒，你可是懂得穿布克兄弟衬衫的人。”

当然，自那之后暗扣衫也并非一成不变。比如说，有些人爱上了这样的穿法——也许是受花花公子产业大亨吉亚尼·阿涅利的影响——把领尖上两粒纽扣放着不扣，以显得更加潇洒随性。

不过，暗扣领衬衫的裁剪有两条恒久不变的原则：1. 在两个领尖与领圈相接处之间，应给领带留出约半英寸空间；2. 绝不能搭配双袖口。意大利式的暗扣领衬衫领口开角较美式更大，不过在美国，这两个式样在三四十年代与在今天同样流行。很多人会告诉你，暗扣领衬衫不应当与双排扣西装搭配，不过弗雷德·阿斯泰尔及其他三四十年代光鲜亮丽的电影明星们可从来没管过这一条。

传统来说，俱乐部圆角领的休闲程度仅次于暗扣领。这种衣领常见于男生校服，因此总给人朝气蓬勃的印象。也许这也

是它受花花公子们青睐的原因。不妨设想一下汤姆·沃尔夫[1]身着私人定制的圆角领衬衫，浆洗过的衣领树立挺括，打一条圆点领带，外罩奶油色西装，再配一顶软呢帽。

无论从哪个角度来看，尖角领都符合中庸之道。领尖可长可短（举例来说，旧好莱坞式的长领尖——有时候也被称作巴里摩尔领，因 20 世纪上半叶著名影星巴里摩尔令这种衣领风靡一时——每隔一段时间就会重回公众视野），既可配单袖口也可配双袖口，尖角领是最安全的商务衬衫。领尖上还可搭配饰品：可以用刺穿衣领的领针，也可以选夹在领子上的领棍。扣带衣领实际上就相当于内置领棍的尖角领：领尖内侧缝有扣带，两条扣带在领带结内侧相连。安全，正确，斯文。顺带提一句，千万别买带金属卡扣的扣带衣领：干洗时很容易碰坏甚至毁掉整个衣领。

如果领尖开角超过胸骨与领圈所成角度的一半，尖角领即成为宽角领。宽角领常被称作英式衣领，因为其创始人是温莎公爵（他喜爱宽大的领带结，宽角领为这种偏好提供了更大空间），适合正式商务场合。宽角领其实还可以分为两种：现代宽角领与一字领，后者指的是领尖水平平行，与脖子垂直。一字领给人的感觉是清晰利落、严谨精细，适合具有仪式感的场合。唯一比它更加正式的衣领是搭配晚礼服的翼形立领（见第 9 章）。

这两种宽角领既可以搭配单层袖口（有时称作筒形袖口），

---

1. 汤姆·沃尔夫：1931 年生，美国记者、作家，新新闻主义的鼻祖。他的报道风格大胆，以使用俚语、造词和异端的标点为特征。——译者注

也可以搭配双层袖口（有时称作法式袖口）。两种袖口又可以分为不同的风格。单层袖口上纽扣的数量没有规定，不过通常来说最好不要超过三颗。双层袖口需要袖扣固定，既可以用庄重的金质姓名缩写椭圆扣，也可以用张扬的法拉利徽章。不过这里最好牢记桑塔格的名言，审美品位即文化价值。衬衫袖长应仔细测量，保证袖口最下端刚好盖住腕骨。这样，当外套袖口下沿按标准落在腕骨上方时，衬衫袖口刚好可以露出约 1.5 英寸，不多不少。

除此之外，衬衫上可选的细节还包括：在衣袖腕肘之间开口处的布条（袖衩）上加一颗袖扣；无门襟或加门襟（衬衫前襟上沿着纽扣从上往下的一条布料，扣眼所在的位置）；塑形用的后过肩（衬衫背部上方额外增加的一层布料，下方可能留也可能不留衣褶）；以及胸袋（口袋盖及纽扣可选）。这些都没有一定之规，但其中有些更加重要。比如口袋，不管加不加盖，都纯属个人选择。但大部分穿背带裤的男士都不喜欢胸袋，这一点很好理解。如果衬衫合身，则无须添加后过肩和衣褶。另一方面，很多人喜欢袖衩袖扣，因为可以保证把开叉处扣好。如需干洗，则最好加门襟。至于其他精细之处，只是衬衫裁缝的匠人情趣而已。

除了细节与风格之外，我们还要谈谈衬衫的材质。几乎所有天然纤维或者化纤纺织而成的面料都可以用来做衬衫，不过传统与历史将这一重任交给了其中三种：棉、亚麻和丝绸。本来，亚麻也许是人类最早用来制作贴身衣物的纺织面料，丝绸和棉花紧随其后。直到 19 世纪之前，人们还用“新鲜亚麻”代指干净衬衫。随着英格兰北部大棉花作坊的兴起——全靠北美及印度殖民地提供原材料——和卫生意识的提高，棉成了贴身衣物材质的首选。结实的长纤维易上色、易清洗，被看作是衬衫和内衣的理想面料。

不同棉花的类型通常以产地来区分——埃及棉、比马棉（来自美国亚利桑那州）、海岛棉（来自美国佐治亚州的离岸海岛）等——但这样的区分方式越来越有害无益。我没有仔细追踪过与这类货品商标有关的法庭案件，但相关的法律纠纷的确数不胜数。考虑棉布品质时，不如还是看纤维质量与纺织工艺。

要用于衬衣制作，最合适的棉花是强度高、纤维精细、呈纯白或奶白色、色泽均匀的长绒棉。这样才能产出触感清爽顺滑、容易上色、能够经受反复洗涤的面料。海岛棉、埃及棉和比马棉都符合这些要求，因而价格昂贵。稍微便宜一些的棉花通常不是产地不好，而是纺织工艺略差。

细平布（broadcloth）是最古老、最简单的棉纺织品，以同色棉线上下叠加纺织而成。宽幅与府绸面料的纹路都会略有不平衡，因为纬线（也叫填充线）会比经线稍重。府绸面料在纺织时会故意突出这种不平衡，以制造棱纹效果。它之所以能够成为最基本的衬衫面料，是由于其光滑、易清洗、方便织入各种图案的优点。

另一种十分流行的棉质面料是钱布雷布（chambray），其名称源于法国北部的钱布雷镇。钱布雷布的纺织工艺与细平布相同，不过其经线是染色棉线，纬线则是白色棉线。钱布雷布通常是纯色的，也可以织入图案。薄款钱布雷布适用于春夏季衬衫。

牛津布同样也是一种平纺面料，但表面看起来更为粗糙，因为纺织时织入了双倍于纬线数量的经线，造成了类似编织筐表面的质感。据传这种面料最早是在19世纪末由一家苏格兰棉花作坊发明的，他们也创制了代表耶鲁、剑桥和哈佛的面料，但都不及牛津布受欢迎，如今都已停产。纽约布克兄弟公司选用牛津布制作他们著名的暗扣衬衫，没有比这更好的宣传了。“皇家牛津纺布”是这种结实面料的另一个更为精细的版本，经线染色、纬线白色，与钱布雷布一样。

比牛津布还要厚实的衬衫面料要数斜纹布（twill）。二上一下（或类似的线比）的纺织方式让织好的棉布呈现倾斜的条纹效果。这种带有斜纹的面料会凸显衬衫的质感，棱纹的粗细取决于纺织过程中使用多少股线，可以非常突出，也可以隐约难辨。

所有棉质布料中最轻盈的是玻璃纱（voile）。玻璃纱通常用于制作夏季衬衫，因为它不仅质量轻，同时还具有良好的弹性。玻璃纱是用精细蜷曲的纱线按平纹方式紧密纺织而成。成品富有光泽，就其轻巧程度而言，玻璃纱的强度也十分可观。最上等的玻璃纱看起来几乎透明，纱线细若游丝，即使在炎热天气里穿起来也十分舒爽。

作为衬衫面料，亚麻布的流行程度稍逊于棉布，不过仍不失为服装行业常用的布料。18世纪，棉花在欧洲不再是稀罕物品，它在很大程度上开始代替亚麻布成为衬衫面料，不过爱尔兰与意大利亚麻布在男装行业中仍占有相当比例。这两种布料都多孔透气，其略微粗糙的质感会随着使用渐渐变得柔软。爱尔兰亚麻布相对厚重，主要用于西装，而意大利亚麻布质量更轻，常用于衬衫。有趣的是，在我们这个零褶皱、免熨烫、高平整度面料流行的时代，人们却喜爱亚麻布起皱的特性，认为它有学院派的优雅感。轻质亚麻布常用于运动、商务及正式礼服衬衫的制作。

比亚麻布和棉布更为罕见也更为细腻的是丝绸。丝绸作为服装面料历史悠久，且充满了神话与传奇故事。众所周知，这种面料最早出现在中国，最少拥有五千年的历史，最早在公元1000年前来到欧洲。丝绸文化（虽然如今蚕的养殖已是一门科技化产业，但以前却是耗时费力、投入极大的行当）于6世纪出现在君士坦丁堡，到了15世纪，意大利北部的城市已经是欧洲负有盛名的丝绸产地了。

丝绸衬衫的特点是强度大且吸水性好，手感顺滑，外观富有光泽。由于高质量的丝绸价格昂贵，它一直都属奢侈面料之列。菲茨杰拉德笔下的主人公盖茨比就热爱厚重柔顺的丝绸衬衫，一订就是几打，纵观各个年代的文学作品，描写炫耀性消费无不以此为标准。如今，丝绸只是偶尔用于私人订制的商务衬衫。此外，丝绸已降级为运动类衬衫面料（如蜡染绸、泡泡纱及其他度假衣物面料），有时用于正式晚装衬衫，但远不如过去那么流行。

无论棉布、亚麻布或丝绸——面料只不过是影响衬衫质量的一个小小的元素，而最为重要的因素则关系到衣领、领带和口袋巾之间的互动关系：脸部以下，从胸口到脖颈这一带区域会汇集无数评判的目光。正如阿兰·费勒赛尔，目光如炬的观察者、编年史作家及精美定制服装爱好者，曾观察到的那样：

“下巴以下、西装马甲 V 领间的这块三角区域，即是男士定制服装的启明星。”

的确如此，衣领—领带—口袋巾区域是男士服装造型最容易出错的两个部位之一——多少时尚之舟沉没在这两块艰险的礁石滩上（另一个部位是脚部，包括鞋、袜、裤；见第 20 章）。这块险滩误人子弟之甚，值得我多费些笔墨。不过注意，我要说的可不是怎么打领带、叠口袋巾，朋友之间何需这种缺乏教育意义的步骤图。何况，如果你连领带都不会打，那这本书估计对你也没什么吸引力。我要说的是这块区域内的整体关系，因为它在男装设计中具有举足轻重的地位。

20 世纪中期之前，针对这块区域的审视和规范很少被提上台面，因为当时商务人士的工作日着装十分统一：白衬衫、低调的领带，加上白色棉质手帕（关于口袋方巾的详细讨论请见第 18 章）。这是 50 年代大多数人所喜爱的整洁中庸的形象。

自那时以来，人们的选择飞速增长。不仅衬衫的花纹及颜色更加别致、更容易为办公室和会议室环境所接受，颈饰与口袋巾的选择也大大增加。领带与口袋巾的布料可以采用各种丝绸、羊毛、开司米、亚麻布、化纤、混纺布等。其中有些材料有特定的穿着季节：亚麻布和山东绸更适合夏天穿，毛花呢与开司米则用于冬装。如今，这就是选择领带与口袋巾材质时唯一需要注意的原则。

正因为手头拥有不计其数的选择，很多时尚男士发现衣领—领带—口袋巾的搭配十分棘手。最容易犯的错误是把这个区域弄得花里胡哨。就好像有些男士不满足于喷一点气味清淡的香水，非要用浓香古龙水把自己从头淋到脚一样，太多的色彩和花纹会拉低整体形象。过去曾有理论说，要解决这个问题，必须保证四样服饰——衬衫、领带、口袋巾和西装马甲——的花纹不超过两种。这并非无稽之谈，相反是很容易遵循的原则，只是有些过于平淡了。花纹的搭配是对比例和平衡感的训练，简而言之，是要把握量度。如果衬衫、领带、口袋巾和马甲的花纹完全一样，那么服饰本身就失去了存在意义，图案之间界限模糊，所有东西都会混在一起，精美的风格与剪裁都会被破坏（关于印花图案混搭的更多详细讨论请见第 17 章）。

要解决花纹过多的问题有一个更好的办法：注意花纹图案变化之处。如果眼睛能清楚地区分出不同的部分，一眼就能看出哪种服饰是什么图案，混搭的总体效果就会更好，否则我们就会感觉自己坐在验光师的检查室里，或者眼前有个大马戏团。所以，如果马甲花纹的选择较为粗放，比如方格或者千鸟格，领带的图案就要细一些，衬衫图案又要比领带更细，口袋巾图案可以居中。要达到花纹平衡的效果还有很多其他办法，只要细心计算，花样再多也可以打扮得有条有理。

在这种局面之中，色彩的地位十分微妙。例如，如果选择同样颜色的领带和口袋巾，很不幸，你看起来就像个租车公司中介。要知道，领带和口袋巾的色彩应当相互呼应，而非协调一致。说实话，这一块没有什么适合初学者上手的简单原则。最安全的做法是为衬衫、领带、口袋巾和马甲选择同一种颜色的不同色调。不过这样做的问题在于，看起来会有点沉闷。所以色彩“呼应”，也就是用领带和手帕的颜色稍稍呼应马甲或衬衣的色彩，就有效多了。换句话说，要避免高对比度，色彩之间要相互融合，而非让一抹亮色跳脱而出。亮绿色的领带和口袋巾也许能够呼应橄榄绿色调的斜纹呢马甲，但颜色过于鲜艳，会哗众取宠。再说了，就像我经常喜欢问的那样，聚会散场时，人人都会记得你的领带，但有谁会记得你呢？

面料的质地看起来没有颜色重要，但有一个基本原则除外：季节搭配优先。羊毛或开司米领带（无论是纺织还是编织的）适合冬天用，不仅因为它们保暖，更是因为这两种材质粗糙的纹理更适合搭配厚重的冬季西装外套面料，如法兰绒和斜纹呢。棉布、亚麻布和山东绸这类竹节丝绸配夏季面料效果更好：它们更加轻盈、透气，也更适合轻薄面料的马甲、长裤和衬衫。面料也分朋友敌人，同一个阵营的面料能够相互提升。

此外，在材质搭配方面也可以参考花纹图案搭配的原则。比如说，没必要用山东绸领带搭配山东绸口袋巾，那样就有点过分强调维多利亚时期的感觉了。过分挑剔、每天早上花大把时间把浑身上下配得一样的人，只会暴露出赤裸裸的虚荣心。我们都知道，所有人，除了个别圣人以外，多少都活得不够充实，但也不用如此标榜空虚。在服饰搭配以及任何事情上，谨慎克制并不总是缺点。

20

鞋—袜—长裤的搭配

THE SHOE
HOSIERY
TROUSER NEXUS

我们都经历过“断舍离”阶段。我第一回有这想法的时候，扔掉了所有衬衣配饰（袖扣、领针、领带夹）和真丝口袋巾，衣橱里只留海军蓝外套及灰色套装、斜纹呢夹克、灯芯绒长裤、蓝白两色衬衫和棕色麂皮鞋。一条海军蓝针织丝质领带走天下。我觉得太方便了，闭着眼睛都能把自己打扮得很像样。

那时候，我是为了从搭配焦虑症中解脱出来——说实话，有那么一阵还挺管用。但慢慢地，我开始往回添置东西了。先是真丝口袋巾，接着是几条条纹领带加上领带夹，然后呢……然后你懂的，都加回来了，还多买了不少。

不过我发现有一样东西真的不用添置，那就是鞋。棕色麂皮鞋足够了。到现在，除了一双用来配晚礼服的黑色天鹅绒吸烟鞋以外，我完全没有黑色的鞋。由于我从来不穿黑西装，一双棕色麂皮鞋的确可以走天下。

这也是一种穿法，不是吗？其实我并不是特别推崇这种穿法，因为不是所有人都愿意用棕色皮鞋搭配所有衣裤。不过我注意到，意大利北部的人们在这一点上与我不谋而合：他们只穿棕色皮鞋，而且棕色皮鞋配深蓝色西装看起来风采十足。这种搭配源自 20 世纪 30 年代，后来的威尔士亲王用海军蓝粉笔纹双排扣西装配棕色麂皮鞋的英伦风范。

北部意大利人所考虑的不只如此：鞋、裤及其间的袜子所组成的交互区域，对于男性外表来说至关重要。比这个区域更“成败在此一举”的，也许唯有衣领—领带—衣袋—口袋巾交互区域了（见第 19 章）。不过，随便哪个外行人都会在看脸的同时，本能地关注一下对方的上半身重点区域。只有具有敏锐时尚嗅觉的观察家们才会按理性行事——向下扫一眼第二重点区，检查对方的衣着根基、立足之本。没错，正是因为鞋—袜—裤区域常为人所忽视，它的地位才更显重要，它能够反映这身搭配到底水平如何。

刚刚我提到了鞋子，就从这儿说起吧。不过先说好，我们讲的是真皮制作、没有磨损、油光锃亮的正规皮鞋，不是健身穿的运动鞋或者跑鞋。问题在于，你是否希望鞋与裤子保持一致?

有些人认为，应该把脚视为腿的一部分，因此鞋与裤子的颜色应当尽可能接近，这样才能保证下半身看起来统一一致。这一派人同时认为，袜子也应该了无痕迹地融入这种大一统中去。对于觉得脚是腿的延伸的人来说，深蓝、炭灰或是黑色西装必须配黑色皮鞋，保证没有视觉干扰。他们也会建议你穿与西装裤同一色调的深色袜子。这种连贯性和统一性主宰的思想，并非坏主意。它可以让你看起来整齐划一、万无一失——除非你是色盲——而且绝不会出错。其劣势倒不在于缺少个性，而是看起来单调无聊，对旁观者来说如此，对穿着者自己来说也是如此。

显然，有些人依旧认为，只有穿着黑皮鞋才能走上受人尊敬的成功之路。不过换个角度想想，如今受人尊敬的特质已不复从前，审美标准亦然。没有什么能比一双质量上佳、油光锃亮的黑皮鞋更显精神。但细想之下——黑皮鞋除了精神还有什么呢?

问题之一在于，颜色单调的同时，大部分黑皮鞋的式样也非常简单，看起来更加清心寡欲。有那么一段时间，大约在20世纪中后期，Gucci带金属马卸扣装饰的黑色便鞋曾风靡一时，不过那只能算是某种离经叛道之作。黑皮鞋理当是质朴简洁的化身。摄政时期的美男子们定下了关于黑皮鞋的几点规则，而到了维多利亚时期，他们的后代将这些规则发展成了铁律：其中一条，在城市里，晚间或者周日，及其他正式场合，只允许穿黑皮鞋。商务及正式场合下必须穿黑皮鞋，牧师会谴责不穿黑皮鞋进入教堂的行为。黑皮鞋是野蛮与文明的分水岭。不过话说回来，维多利亚时期的人们都有焦虑症，做什么事都要定一堆规矩。他们痴迷于分类，不用太把这些神经官能症患者们的话当真。

另一种想法是，把鞋当作一个完全独立的区域来设计并展现审美趣味，作为一种服饰，而非下装的延伸。这个想法现在听来没什么争议，但就在 2002 年，足球界时尚人物大卫·贝克汉姆——当年被票选为英国最懂穿衣的男性——还因为蓝西装棕皮鞋的搭配而受到媒体的批评。而对于我们大部分人来说，关于棕色皮鞋的着装规则——我的最爱，就正式程度来说最接近黑皮鞋——也千差万别。如今，晚间穿着棕色皮鞋不再被当作缺乏教养的表现。说实在的，我想不出有什么打扮还会被扣上这顶帽子，不过无所谓啦。

历史上的确有过一个时期，一个人只要穿着棕色鞋子就会被批评。让我介绍一下——或者说提醒一下读过美国西奥多·德莱赛著名小说《嘉莉妹妹》（出版于 1900 年）的人们——文学作品中的风流人物之一，旅行推销员查尔斯·H. 德鲁埃先生。时值 1889 年 8 月，在一趟开往芝加哥的火车上：“他身着一件交叉条纹的棕色羊毛西装，当时尚属罕见，不过之后成为流行的商务着装。西服背心的低开领内，是一件挺括的粉白色条纹衬衫……整件套装颇为修身，最下面是一双黄褐色厚底皮鞋，擦得锃亮。头戴一顶灰色软呢帽。”这位查理·德鲁埃先生一望即知是个坏蛋。德莱赛笔下的人物性格都反映在他们的衣着之中，而德鲁埃穿的还不只是棕色，而是黄褐色皮鞋，还是厚底的，更强化了他的无礼形象。他的棕色皮鞋实在意味深长！黑色永远是黑色，而褐色却可棕可黄，这一点值得铭记在心。

棕色皮鞋——无论是亮皮还是麂皮——可以涵盖由奶油般的浅棕至桃花心木的深褐色域。这一点本身就会引起一些问题。关键在于，哪种色调最符合你的口味，最能搭配你的衣服？灰褐色？红褐色？栗色？还是咖啡色？老规矩是，鞋子应当比长裤深一个色调，这一点在今天看来也不过时，除非是在热带，那里的人们普遍穿着有贵族派头的白色皮鞋。棕色皮鞋的确会干扰下装色调的统一性，但这不一定是坏事，一来视觉上不那么单调，二来可以增加一个引人注目的地方。

穿棕色皮鞋还有一个好处，可以搭配色彩较为鲜艳的袜子，也就是这一重点区域中的第三个关键点。过去，袜子的颜色谨慎拘束——黑、蓝、灰，没别的选择。而在今天，袜子的颜色略显风骚并已经能为人们所接受，甚至还可能受到赞赏。菱格纹一向是运动袜的经典花纹，不过如果协调好色调，搭配都市西服又有何不可？或是《飞到里约》中弗雷德·阿斯泰尔的条纹袜子？或者用有趣的图形，例如粉红火烈鸟、海盗骷髅架、独角兽或是彩色圆点？

如今穿衣打扮更多是看心情，而非遵守礼仪。就这一点来说，搭配确实更需技巧，因为我们不能再跟着礼仪规则走了。但换个角度来说，很多规则现在看来委实没有道理，又愚蠢沉闷。而按个人喜好打扮有可能令人耳目一新——因为个人喜好必有原因。

提到个人喜好，自然会想到光脚穿鞋。第一次世界大战与第二次世界大战之间那段时期，很多人发现了热带风情的乐趣（见保罗·福塞尔[1]笔下关于这一时期海外旅行的精彩评述：《国外：英国文学往返战争》)，亦即散步短裤、帆布便鞋及鹿皮鞋、贝雷帽、条纹运动衫和真丝西装这类衣着。赤脚穿鞋代表着阳光、健康与闲适的形象。而这种做派随后在休闲服装的温室、美国常春藤校园中开始流行。非常休闲的鞋子，例如著名的宾恩（ L. L. Bean）船鞋、维京乐福鞋及网球鞋，都是校园内流行的可以赤足穿的鞋子。本来，宿舍生活就不会要求你严格执行一整套洗熨的步骤。

当然了，自古以来男人们就光脚穿着吸烟鞋在家里走来走去——不过，那些泰山崩于前而色不变的勇士们，如今已敢于赤脚穿翼纹雕花牛津鞋配西服正装了。这么做不合常理，而且大错特错，原因在于：首先，出于健康考虑，贴身穿着有吸水性、可常换洗的衣物十分必要，否则也没必要穿内衣了，对不对？其次，这种故作不经意的姿态作为穿衣策略来说，实在有些不懂事又不懂行，只能令人一望即知你有多么无礼。何况，

1. 保罗·福塞尔（1924—2012）：美国宾夕法尼亚大学的文学教授，著名文化批评家，擅长对人的日常生活进行研究观察，著有代表作《格调》《恶俗》。——译者注

如果在打扮上矫揉造作到了如此程度，那么你“不经意间”玩出的任何新花样，也都只能沦为陈词滥调而已。

本人处世可谓宽宏大度，但如果有人身着商务正装却光脚穿鞋，以此作为自己的时尚宣言——而非纯粹地出于懒——他可能会成为被炮轰的对象。时尚圈内的人这么穿无所谓，他们控制不住自己。不过，亲爱的读者们，这么穿可配不上你。

21

短裤

SHORTS

首先，我们当然要感谢百慕大小岛。当地人发明了百慕大短裤这种服饰，更重要的是，这一创举拓宽了我们对于男装的认知和视野，让百慕大短裤成为时尚风潮中独树一帜的品类——这么说或许有些夸大其词。百慕大的男人们穿着这种奇异的短裤出现在世人面前，我们才恍然发现，原来短裤也可以穿出正式感。在此之前，我们印象中的男士短裤——除了百慕大短裤以外的那些款式——要么是军装，要么是运动服，要么就是特别休闲度假风的“睡裤”。

20 世纪 50 年代初，美国掀起了一阵“百慕大短裤实验风潮”——当然这是我自己编的名字——这阵风潮也拓宽了我们对于服饰的认知想象，开始用全新的眼光看待它。这个“实验”的主要功能仅仅是将这种款式的男士短裤第一次穿出了那个英国殖民小岛，穿上广阔的世界舞台。然而这并不重要。这一发明本身就足够有趣、实用了。不过，我倒是并不认同把它抬高到“堪称第一款休闲商务男士短裤”的地位。

很长一段时间以来，男人们都很忌讳露腿这件事，无论是多炎热、多潮湿的天气都坚决穿长裤。其实，很多时候恐怕就是保守固执，倒也不是放不下身价。好像就是需要那么一个借口——要去打球了，要在沙漠里行军了，要去海边玩了——就是要这种场合的“仪式感”，才愿意露出那么几十公分的小腿。我怀疑这里面多少还是秉承了一些维多利亚时期遗留的繁文缛节吧，可能不一定准确。我自己倒不太穿短裤，毕竟年纪大了，不太习惯露腿什么的，不过，年轻人在天热的时候为什么不能穿得既舒适又时髦呢？为什么呢？

传统来说，男士短裤一般在运动的场合或者是部队里见得比较多。W. Y. 卡曼[1]在《军队制服词典》（A Dictionary of Military Uniform）里写到，短裤最早出现于1873年的南加纳地区，由英国部队士兵开始穿着。到了20世纪，一些英国驻印度士兵穿上了卡其短裤，当然了，他们回国之后，就把这种短裤作为便服（日常服饰）穿着上街了。其实，这种短裤最先来自廓尔喀（Ghurka）部队士兵，这支部队起源于19世纪，当时是由在印度与英国军队对战的尼泊尔士兵组成，后来被收编为驻印度的英国部队。这些士兵非常勇猛，善用廓尔喀刀（一种长形弯刀），穿着宽大短裤。在英国伦敦的国防部那里还能看到一尊以他们为原型的纪念雕像，就是穿着这样的短裤。这种短裤的特征就是裤腿肥大、抽绳收腰，有时候裤腿上还有翻边。这种短裤舒适又耐穿，所以这些当兵的都很爱穿它，尤其在夏天格外风行，甚至后来，有些士兵一年四季都穿着它。

正因如此，短裤从部队开始进入男人们的衣橱，尤其是一些夏天的运动场合格外合适。罗伯特・格雷夫斯[2]和阿兰・霍奇[3]在书中写到，20世纪30年代，英国最流行的运动就是徒步。第一次世界大战之后，一些休闲的趣味运动渐渐风靡。20年代，当地一些报纸也开始赞助徒步俱乐部，这在当时的欧洲非常受

---

1. W.Y. 卡曼：英国军队历史学家以及军备收藏家，著有一系列关于制服和武器的书。——译者注
2. 罗伯特・格雷夫斯（1895—1985）：20世纪英国著名诗人、作家，曾在第一次世界大战中服役。——译者注
3. 阿兰・霍奇：英国作家，与罗伯特・格雷夫斯合作著有《漫长的周末》。——译者注

欢迎，因为徒步本身开销较低，看起来又比较健康。到山区郊外的火车票也很便宜。阿尔卑斯山、德国黑森林、什罗普山谷、法国酒庄，或者是皮埃蒙特山，到这些地方去徒步的装备只需要一件粗毛线衣，下身配卡其短裤、厚袜子、牢靠的徒步登山靴，再背上一个帆布双肩包就行了。他们被称为“漫步者”，哪里有山，哪里有草，哪里就有他们。

不久之后，其他运动也开始慢慢兴盛。首先是高尔夫球，男人穿着短裤上球场挥杆。在穿着这方面，打高尔夫的人比我们普通人更加放得开，在穿上短裤之前，他们在球场上穿的可是灯笼裤——长度在膝盖下面 4 英寸，裤型类似于一个大口袋，裤腿口还有一根扣带，整体比较像灯笼——这种裤子在当时就已经在世界各地流行起来。你还没来得及抱怨“膝盖怎么那么丑”，他们又肆无忌惮地在网球场上露腿了。1932 年，当时的英国顶尖网球选手巴尼・奥斯丁在长岛森林山美国网球锦标赛上引起了不小的轰动，当时，他就穿了一条白色的法兰绒短裤，而不是传统的正规法兰绒长裤上场。其实某些时候，网球运动员的确也会穿短裤，但是奥斯丁为它赋予了无可挑剔的美感。或许正是这种不太拘束又比较凉快的穿搭让他赢得了比赛（目前还没有研究证实穿着与运动成绩之间的关系，不过，随着运动着装变得越来越轻便，运动员的成绩和表现也确实不断得到了突破。这也就解释了，好比说，网球运动员不再穿着 19 世纪那种厚重、局促的运动服，挥拍、抽杀都会更加利落自如。当然，网球以及其他运动也已经从一项轻松、绅士的休闲活动演变成如今激烈、对抗性的体育竞技运动了）。

到了20世纪50年代，“工装短裤”几乎成为美国校园风的标配。于是，一些品牌也顺势推出三件套：外套、长裤和工装短裤套装。第二次世界大战之后，“男士们好像不太敢去突破战争遗留下来的着装统一性。这样一来，工装短裤的突然风靡也就顺理成章了。1949年，在大学校园里以及一些度假胜地，男人们纷纷开始露腿了”。

尽管战争已经结束，但美国男人们却还继续穿着卡其短裤，后来，他们开始穿着各种各样的工装短裤，“单色的、亮眼的格子、各种格纹花样，还有粗条纹之类”。好像整个美国都在穿工装短裤，它已经得到了普遍认同，出得宴会场，上得体育场，入得乡村俱乐部跳跳舞、上船出海开派对、周末出去在任何场合约会，好像都很百搭。从卡其短裤开始，工装短裤的面料和颜色也都获得了很大的发展和改进。如今，比较流行的有纯色、柔和亮色、鲜艳的马德拉斯格纹、粗纹府绸、棉质格子呢、白底细纹泡泡纱，还有微亮的斜纹棉等。

如你所愿，工装短裤的新风潮如同男士衣橱中一条不成文的规定，人手必备一条，并且这股潮流很快开始发生演变。基本上都是在搭配的袜子上做文章。短裤可能是最休闲好穿的下装了，几乎可以搭配任何款式的衬衫（扣领的牛津衬衫、马球衫、船领套头衫等），还有各种款式的便鞋也都很容易与其组成搭配（比如帆船鞋、麂皮便鞋、乐福鞋等），可以再配一双短袜，也可以不穿袜子，都很适宜。不过，后来又有人在工装短裤下面搭配深色长筒袜，整体造型立马变得正经起来。相对应地，上装也可以更正统一些，甚至还有人戴领带、配外套穿着。

据说，有些男士竟然穿燕尾服配正装短裤，加一双传统的黑色长丝袜和漆皮正装单鞋。

自那时候起，短裤及其配饰变得越来越接地气，也越来越亲民化了。现在，它已经成为美国的街头爆款男装标配：工装袋袋裤、T 恤，配上一双设计前卫的运动鞋。如果说你只是为了穿着舒服，那么这样一身搭配确实不错。而且，裤子上的大口袋足够你装很多东西——水壶、iPad 或者是手机、钥匙、钱包、抗抑郁药——如今越来越多的人都需要这些药丸才能好好过日子。

哦，我可能说得有些过了。短裤本身在某些场合确实有点掉价，不过有些时候它仍旧延续着百慕大时期的风范。比如说，新校园风现在流行起拼接布、泡泡纱、彩色斜纹棉、亚麻等面料，作为短裤来说都非常合适。上身穿彩色条纹衬衫、软薄绸领结、轻薄外套，下身配一条拼接面料的休闲工装裤，不是很棒吗？或者，带点褶皱的烟灰色亚麻短裤配搭米色夹克，脖子上用一条浅色领巾做点缀，岂不妙极？脚上必须是手工抛光一脚蹬便鞋或者帆布一脚蹬船鞋。对吧，这才是夏天的正确着装！

22

随性的风度

SPREZZATURA

“不要根据人们的外表过多地挖掘他们的内心。”著名的人生导师和书信写手切斯特菲尔德勋爵曾这样告诫过他的儿子，“如果你把其他人看作是他们自己，而不是他们真正的自己，生活就会容易得多。”

我知道此前我曾引用过这段话，但如今听来依然是如此耳目一新！令人身心愉悦！一点点善意的虚伪。如此重要的一课却已然被我们遗忘：礼仪的立身之本乃是小小的谎言、有心的隐瞒、无害的恭维、善意的无视和细微的矫饰，用这一连串充满艺术的手段来压抑住不合时宜的认真和兴奋。这些细枝末节之处——也就是他们所谓的规矩——实则是社交生活中的齿轮产生摩擦时能起到大作用的润滑剂。

如今的社交场上却是摩擦越来越多，润滑剂越来越少。由此而产生的火花四射，也就是所谓不合时宜的热情。而且我们竟然都已经对这个相当幼稚且讨厌的看法产生了认同：公共和私人生活应该是不可分割的。或者说人们干脆就不应该拥有私人生活。但我们真的能够容忍那一盏盏窥探的聚光灯照射进我们家里的脏衣服篮里吗？也许是时候表现出一点伪善了，如果我们真的想留下一丝隐私的话。不妨称之为自我防御的讽刺大法。

我们是不是应该用这种文明的作风重新认识自己？还是说我们的媒体已经用 360° 无死角的曝光夺走了我们的隐私权，就如同野马已经脱缰？吉尔·莱波雷[1]曾在《纽约客》上发表过一

1. 吉尔·莱波雷：哈佛大学教授、著名历史学家。——译者注

篇关于监督的文章："现在，公共空间本身已经不存在了，即使是在修辞学意义上。只剩下了一个又一个试图保护隐私并且密切关注自己的人，他们的身影在一枚设计荒诞的棱镜中不断折射、不断传播下去。"难道我们已经不能再回归那种在公开言论中一定要表现得端庄得体——哪怕这需要一点点伪善——的社交哲学了吗？历史上有无数关于人性弱点的先例。比方说，我所想到的是一个类似于罗什富科的作家，就连伏尔泰也称赞他为塑造路易十四时期法国社会的品位和风格做出了巨大贡献。或者说切斯特菲尔德勋爵，他在给儿子的书信中勾画出乔治时期英格兰的社会风气。但是要说到描述社会礼仪以及解释"仪态"（poise）和"姿态"（pose）之间的区别，最好的人选当属意大利文艺复兴时期伟大的行为法典编纂者巴达萨尔·卡斯提廖内。他的著述《廷臣书》（*The Book of the Courtier*，最早在1528年出版于威尼斯）是一本写给绅士们的指导手册，一本在光辉灿烂的意大利文艺复兴时期普及社会礼仪的纲要。

这本书的主题是一个人应该如何在他人面前表现自己，如何在公众场合行为处事。卡斯提廖内对于礼仪之学最大的贡献，就是提出这一点：如果想要追求上好的礼仪，就必须具有优雅（la grazia）的风范；如果要礼仪臻于完美，还要带上一点他称之为"随性"（sprezzatura）的风度。他这样写道："我发现了一条对于绝大多数人类行为或语言都适用的原则：要像避开暗礁一样不惜代价地避开装腔作势的言行，对于万事万物都要抱有一种特定的不经意之感，用来掩盖一切的刻意；无论说什么或是做什么，都要显得不经意、不费力。"

卡斯提廖内认为这一“普适原则”的重要性在于，大多数人都愿意相信细微的过失会掩盖伟大的成就：“一个表现很好的人一定拥有比看起来更强的能力，如果他能更努力一点，一定会取得更大的成就。”这是一种意味深长的“太酷了以至于不在乎”的形象，而这种形象实际上已经存在很久了。

卡斯提廖内用来形容这种“普适性原则”的词“随性”（sprezzatura）在英文中常常被曲解为“漫不经心”（nonchalance），但实际上这个词的意义远不止于此。“随性”可不仅仅意味着粗心大意，或是疏于考虑，甚至是撒谎或欺瞒。简单来说，这不意味着轻率。恰恰相反，这是一种看起来自然而然的故意而为、假装是未经预谋的装模作样，经过深思熟虑的漫不经心和漠不关心，而这一切是为了让其人显得比表面上看起来具有更大的价值。其中的关键在于掩饰努力的能力——这恰恰是装模作样的反面。

后来，英国作家史蒂芬·波特就此撰写了一本有趣的书，并取名为《竞赛小动作的理论与实践，或不作弊也能赢得比赛的艺术》（竞赛时使用的虽不光明但不犯规的方法）。波特把故作的漫不经心称为“小动作”，还介绍了一系列帮助你在各种场合下想要表现出天生高人一等的气质时可以用到的小策略和小手段。在某种意义上，波特书写下的是掌控着我们充满竞争的一生的潜规则。这就像是卡斯提廖内的精简版——有一丝绝妙的讽刺和高度的可读性。

然而随性和小动作毕竟有所不同，因为它并不包含对抗或竞争的意味。相反，其内在驱动力在于礼仪。这种对于轻松、魅力和传统的微妙体察，掩盖住了生活中的困难、障碍和费力。其带来的心理后果就是营造出一种不经意的熟练之感，让旁观者在不知不觉中受到他们的蛊惑。

现在，你应该可以看到随性和着装风格之间的关系了。最优雅的骑士派诗人罗伯特·赫里克[1]在他一首关于胡乱着装的诗《无章的情趣》（*Delight in Disorder*）里很好地解释了这种关系：

有一种美好的边幅不修，
使无拘的衣衫显得荡荡悠悠；
上等细麻布披在身上随风飘舞，
纷纷扬扬自有一种优美的风度；
胸前紧衣上系错了根把束带，
却迷住了猩红色的胸前饰彩，
袖口是疏忽了，然而正好
任凭丝带下垂，随意拂飘；
有一种迷人的波浪（值得注意），
那是狂风漫卷裙子引起；
一双鞋带，系时漫不经心，
我倒觉得潇洒而文明：
这些无章的情趣使我着迷，
胜过那些精雕细刻的技艺。

---

1. 罗伯特·赫里克：1591—1674，英国资产阶级时期和复辟时期的骑士派诗人之一。骑士派是 17 世纪时英国抒情诗人的一个流派，主要描写宫廷中的调情作乐和好战骑士为君杀敌的荣誉感，宣扬及时行乐。——译者注

这种对优雅的刻意追求、故意表现出来的任意随性不仅在时装界风行一时，它在不同的领域都成为一种审美的标准，见诸各类设计之中。比如说18世纪的英格兰园艺——那些草场、小灌木丛、雅致的草坪和树荫——施展种种手段，追求的却是尽可能自然、仿佛未经设计的景致。与英格兰园艺风格形成鲜明对比的，是同时期极尽繁复与华丽之能事的法式园艺，它给观者带来的震撼之处在于用人类的意志征服自然、以丰盛的物质产生美感。或者用剧作家乔治·西门·考夫曼[1]的话来说就是："假如上帝有了钱，它就会造出这样的景观。"

当然，随性的美学和社会学意义也集中体现在时装方面。卡斯提廖内曾说过，随性的重要意义在于它意味着未被察觉的伟大之处，这潜在的可能性隐藏在最细微之处，就像一股蓄势不发的力量。这种手段在英国骑士派诗人、摄政时期的纨绔子弟、杰克逊时期的美国和执政内阁时代的法国风靡一时。具体体现在英国乡村宅邸着装（参见第8章）及其在美国的近亲——朴素的常春藤联盟风格（参见第14章），这种风格的代表是不加垫肩的袋式西服、领尖钉有纽扣的衣领，以及用便士乐富鞋和菱格袜子搭配西装时展现的漫不经心的风度。这是温和宽厚的正式着装和多彩多姿的休闲装的一种充满艺术性的结合。这种风格也体现在宽松的、看起来没什么型的，然而上身却非常舒适的意大利风格西装上（参见第13章）。同时意大利人还有一种

---

1. 乔治·西门·考夫曼（1889—1961）：美国剧作家。——译者注

外人难以效仿的习惯：用各种类似风格进行混搭。

如今，即使是最轻松写意的风格也欠缺了一些随性的魅力。新学院风格——常春藤风格的一个支系——从东京流行到托莱多，称得上是风靡全球，但它却不再真正地随性。现在的人们在着装上充满了某种狂热和焦虑，即使是想做出潇洒的姿态也不可得。无论是耍酷的动机还是扮酷的手段都表现得太明显，着装时的努力没有被巧妙掩饰起来，只能带来一种哗众取宠的效果。你知道的，“有艺不露，乃为真艺”（ars est celare artem），我的格拉迪斯姑妈就经常这么说。

有一个概念与随性密切相关——同时又有决定性的不同——那就是“酷”。这个词最早是非洲裔美国人用来形容那种在压力和困难中依然很好控制着情绪的人。后来酷又与“时髦”（hip）产生了联系，这个词还有某种蔑视传统、追求冒险的含意。第二次世界大战后，出现了一股对抗资产阶级伦理和企业消费主义的反主流文化，最著名的代表就是 20 世纪 70 年代的“花之子”。从詹姆士·迪恩的装束到扎染，都是具有代表性的衣着。其中对于掩盖情绪的诉求、故作轻松的姿态，都足以证明“酷”是一种美国式的满不在乎。

但是对我们这些并非嬉皮士、非主流文化爱好者，也不热衷于装腔作势的人来说，如何才能展现出这种精心雕琢的不在乎，并将之作为公共空间和私人领域之间的防御机制？这里有一些要则——也不算原则，只是一些注意事项：1. 比起崭新锃亮的衣物，略显凌乱的衣物更好。人们常常引用南希·米德福德[1]在谈到室内设计时说过的那句话："所有美好的房间都有粗疏之处。" 2. 要加入一丝率性、一丝个性。3. 优先选择那些至少看起来非常舒适的衣物。4. 在自信的基础上，大胆运用"对位法"。诺埃尔·考沃德就在所谓"对位的礼仪"上做出了最佳的示范，他会在其他所有人都穿着日间礼服的场合中穿上晚礼服（完整的故事参见第 9 章）。

简单说来，对于某个人来说至关重要的东西，对其他人来说很可能不值一提，这句话反过来说也成立。一些恰到好处的褶皱是男人和男孩之间重要的区别，因为新手总是不可避免地想要看上去一丝不苟、完美无缺——而这正是最大也最容易犯的失误。有种常用的小伎俩可以轻易拆穿这种追求绝对正确的心思。"你看起来永远都这么光鲜，你是怎么做到的？我怎么就总是来不及好好搭配？"不断重复这种话和类似的评论，直到所有人都意识到他的虚荣和浅薄。

随性的风度乃是对完美的追求，同时却貌似并不追求完美。这是一种轻轻上阵，不用精心准备，却惊艳全场的境界。在我们看来，那些精心搭配各种颜色的人未免努力得太明显了。他的衣着打扮散发出这样的信号：他缺乏安全感。这种人和身穿领尖钉有纽扣的衬衫，搭配双排扣西装的弗雷德·阿斯泰尔——这在很多时尚专家看来是大逆不道的，但阿斯泰尔总是

1. 南希·米德福德（1904—1973）：英国女作家，名噪一时的米德福德六姐妹中的老大，以描写上流社会生活的长篇小说著称。——译者注

这么穿——形成鲜明对比。就这样，阿斯泰尔巧妙地欺骗了我们，就像著名的品位标杆博·布鲁梅尔在一首自嘲的十四行诗里坦白的那样：

> 我的领饰，当然，就是我最在乎的事物，
> 它象征着我优雅的尺度，
> 每个早上，我都要忙上好一阵子，
> 让它看上去像是匆匆而就的样子。

就像博所深知的那样，外行总是想让自己看起来尽可能的完美，后果却是从内而外地散发出一种紧张感，他们不知道真正可贵的是精心设计的小失误。比起追求完美的不懈努力（而这种努力注定是要失败的），或是在胸前大张旗鼓地挂着品牌标志，看起来稍微凌乱一点、模糊一点就会好很多。着装上的模糊代表着安全感。（“我从哪儿买到这双鞋的？这鞋是鞋匠做的，在布达佩斯某条后街上的破烂小店里，那里闻起来简直像是死水潭里的公牛，当然，大叠的皮革从地板一直堆到了天花板。”）对于这些本该显而易见的事物表现出一些不知情——像是某件衣物的尺码，或是一件夹克衫的布料——是个不错的做法。（“他们说索姆河的士兵会用它擦拭火炮。”）你看起来这么棒，却表现得毫不费力，甚至毫不知情，这真是让人想起来就恼怒。

类似于“好几年没买衣服了”的说辞，更是一个几乎无敌的策略，因为旁人无论怎么接话都会显得又小气又粗俗（当然，

只有在你的衣服并没有明显的潮流特征时这一招才会奏效)。我还记得我第一次遇到这种情况——不得不说，这令人印象深刻。当时我正在为一篇关于正式着装的文章采访费城第一家庭的某位男性成员(此处隐去姓名)，一时愚蠢之下，我竟问他在哪里买的晚礼服。“哦，博伊尔先生，”他用一种高贵的语调，慢吞吞地从牙缝里迸出几个字，“我不买晚礼服。我本来就有晚礼服。”此言不虚，并让我感觉自己好失败。

还有故意而为、随心所欲的混搭。如果要找出处的话，意大利人耍起这种小手段已臻化境，而且很可能就是他们发明了这种穿法。用一件磨毛的巴伯尔(Barbour)夹克搭配褪色的牛仔裤和陈旧的开司米高领毛衣，这就是一种不错的混搭方式。更不用说一颗没扣紧的袖扣、稍显凌乱的口袋巾、一双磨损的室内拖鞋，这些细节都传达出这样的潜在信息：面对宇宙的混乱与黑暗，此人表现出了一种优雅的随性。

此处的关键在于——意大利人对此心知肚明——让观看者产生猜测。你佩戴的那条亮橙色真丝口袋巾搭配上海军蓝法兰绒双排扣西装看起来真时髦，是你精心搭配的，还是匆忙中随手一搭的神来之笔？那件醒目的罗素(Russell)格子运动夹克配上同样醒目的波尔卡圆点领带又是怎么搭配出来的？是一种略显刺眼的搭配失误，还是故意为了展现自己的优越感？

请营造出一种从来不精心准备的形象。我认识的一位设计师朋友每天早上出门前都会花大量时间搭配各种单品，但他从不承认这一点，他会说自己“只是从抽屉里随便抓了件衬衫”。以退为进的策略往往很好用。二手店里买来的裤子背带，父亲的旧钓鱼背心，第一次世界大战时期法国军官的长大衣，来自古董店的旧加里森皮带。更高阶的技巧是把旧物件发挥出新用途：用古董雪茄盒装眼镜，拿其貌不扬的鱼篓当公文包，或者用旧的带搭扣盒子装一些劳拉西泮[1]和阿司匹林，这都是随性之风度的体现。

现在让我们回到刚开始讨论的话题上，随性的风度是公共生活中关于审美与风格的一种视错效应。这也许可以有效解决我们面临的两难困境：越来越少人还记得自己作为公民的义务和责任，我们的私人生活如今被电视或网络碾过之后只剩下了渣滓。也许在忽视了很久之后，我们应该重新拾起沾满灰尘的礼仪指南，重新审视我们在公众场合的所作所为。在传统意义上，这些所作所为应该和我们关起门来在家里的行为举止大有不同。我们甚至应该重新教授礼仪规范。然后发展出一套文明的风范，让恰到好处的矜持和优雅重新被欣赏。18 世纪的英国诗人亚历山大 · 蒲柏对此深有体会：

> 真正的流畅舒适来源于艺术，而非侥幸，
> 就像学过舞蹈的人才能够动作得自然轻盈。[2]

1. 劳拉西泮：Ativan，一种药物，用于镇静、抗焦虑、催眠、镇吐等。——译者注
2. 摘自亚历山大 · 蒲柏的《批评论》（*An Essay on Criticism*）。——译者注

23

西装

SUITS

1666年10月7日，在英国海军中担任低级军官的塞缪尔·佩皮斯前往早间议会会议听取当天的新闻。就在那天，他见证查尔斯二世发表了历史性的声明——国王的这番宣言从此改变了时尚历史的进程。正如佩皮斯次日在日记里记录的那样："昨天，国王在议会上宣布了一条关于着装风格的规定，这条规定将被永远贯彻下去。那就是马甲，关于这种服装我现在还不是很了解。这是为了让贵族们节俭行事。这将很快起效。"

国王的宣言令英国人惊异不已。他们习惯了穿着紧身上衣、马裤和披风。除了马甲之外，国王的宣言中还包括了外套和长裤。这就是三件套。

这种服装风格到底是查尔斯的首创，还是他只是敏锐地觉察到了历史的潮流，我们已经不得而知。我们只知道，在他颁布了许可之后，这种着装风格迅速流行了起来。一周后的10月15日，佩皮斯来到威斯敏斯特大厅，在那里他见到了国王的新装：

> 这一天，国王穿上了他的背心。我还看见几个近侍和几个上议院和众议院的人也穿起来了——这是一件修身的长马甲，面子是黑布，里子是白色丝绸，外面搭配一件外套——总之，我希望国王能把这种着装保留下去，因为它看起来高级又帅气。

在1666年的这几周时间内，社会历史发生了转折。严格而正式的宫廷服饰开始退出历史的舞台，时代的洪流带来了着装的民主——具有讽刺意味的是，这一进程却是由一个复辟的君主所开启。

在此之后又过了两百年，三件套才成为我们如今所穿着的样子。但是大弃绝时代——也就是抛弃华丽的宫廷服装，抛弃那些真丝、绸缎、银质搭扣和扑满粉的假发——直接导致了由毛料西装、棉质衬衫和领带等组成的商务着装的兴盛。不过在当时，国王的宣言中提到了着装风格成为官员着装的标准（关于大弃绝时代，参见前言部分）。

在查尔斯二世发表这番宣言之后的几个世纪里，西装的风格和比例随着时尚潮流的演变也经历了几番变化。首先是男式外套的下摆，自打 19 世纪中期之前就开始从及膝的高度不断向上移动，到了 1860 年时男式外套只能恰恰好遮住臀部，自此以后就没再怎么发生过变化。19 世纪 20 年代，男士裤装的长度是从腰部到膝盖，而马甲也在差不多的时候演变成了现在西装背心（waistcoat）的样式。三件套的构造、制作和风格从此以后变得相对固定了。这种比之前短一些的外套当时被称为“双排扣常礼服”（frock coat），最初在腰部有接缝，第一粒扣的位置也比较高。19 世纪 50 年代，休闲夹克和日常西装[1]（lounge suit）逐渐开始出现：“这种外套以其宽松、舒适的风格而逐渐流行起来，它通常是单排扣的，略有腰身，一开始长度正好盖住臀部，但是到了 19 世纪 50 年代末又略有增长。前片自然下垂；腰部的接缝、背部的装饰扣和背褶都消失了，但通常会有短短的背

1. 日常西装：指出席不完全正规（informal 或 less formal）场合的普通商务西装。——译者注

衩……还有三四颗衣扣。”到了1870年，这种服装的样式就算是固定下来了，接下来的一个半世纪里都没怎么变过。

日常西装（lounge suit）指出席不完全正规（informal 或 less formal）场合的普通商务西装，也可说是半正规（semi-formal）场合的衣着。

从19世纪下半叶开始，现代西服就没怎么变过。实际上，这大概是西装最有趣的地方了——尤其是当你想到时装潮流变化得有多快时。就像时装作家和艺术史学家安·霍兰德说的那样："在过去的两个世纪里，科技和经济组织的发展实际上恰恰有助于留存和发扬男装传统。"西装已经完成了进化，也就是说，现在它的使命只是去开疆辟土，征服尽可能多的人。

西装外套只能分为两种类型：单排扣和双排扣。这两种西装都可以搭配马甲或者不搭配马甲。单排扣外套总是更流行一些，至少是在平民百姓之中更流行。至于军队制服又是另一回事了，比方说世界上很多国家的海军都会穿双排扣的水手上衣。对于单双排扣的选择，最简单的解释就是：单排扣外套更适合在马背上穿。关于这个话题的讨论，我想还是留给更加长篇大论的文章吧。

单排扣西装和运动夹克之间最主要的区别就是胸前纽扣的数目：一颗、两颗、三颗或是四颗——自从20世纪以来，就很少有四颗扣子的西装了。三颗扣子的外套最流行，也很有可能是绝大多数场合下最实用的。其他一些诸如肩宽、领宽、是否有腰线、是否是直筒式廓型、内贴袋还是扫把口袋、是否有背褶这样细节之初的改动，只能算是一时的流行罢了。

着装史上关于单排扣西装发生过唯一的重大变化，就是整套造型是两件套还是三件套。我说的就是那种非常实用的单品：马甲。英国裁缝把西装马甲称为西装背心（waistcoat）。1660 年刚面世的时候，马甲还是一种及膝长度的打底衣，但自此以后就不断变短，直到正好卡在腰线处（专家学者可以只根据马甲的长度就确认它的年代）。刚开始，马甲是有袖子的，但在 19 世纪初就被废弃了。到了 19 世纪 40 年代，裁缝制作马甲的版型就和现在没什么两样了：没有袖子，前片带六颗扣子，后片带有搭襻，前片的下摆可以是尖的也可以是圆弧的，要么两个口袋，要么四个口袋，有些带有衣领，有些则没有。

马甲的命运随着时装潮流的变迁而跌宕起伏，也和外套前片与衬衫领子的剪裁、颈饰的流行程度息息相关。就像莎士比亚说的那样：流行过的衣服总是比人们穿破的衣服要多。

穿西装是否该配马甲这件事，其实并不怎么关乎实用，而是关于时尚——但如果你是去定制西装（也就是找人给你量身定做），配上一件马甲无疑是个好主意。有如下几个理由：第一，整套服装的层次更丰富，可以打造出好几个造型；第二，你也有了更多的口袋；第三，这套服装还可以应付不同的气候。如果你经常去不同气候的地方旅行，那最后一点对你来说尤其重要。

说来有趣，优秀的马甲制造者似乎总是太少太少。我认为有两个原因。第一，这是一种有风险的技能，因为你不能确定马甲在未来是否还流行。第二，因为马甲是最靠近皮肤的定制服装，所以必须要做到极度顺滑才行，这其中不容有稍许差池。

如果一件马甲太松或者太紧，旁人一眼就能看出来，而且看得人浑身难受。

在现在那些气温控制得当的建筑里用马甲搭配双排扣西装似乎有些画蛇添足，但问题不在于双排扣西装。实际上，如果你想要穿件考究的西装出门，没有什么比双排扣西装更体面过人了。我就是知道有些新手对此心存疑虑，特此贡献出这条小贴士，希望可以减轻你们的不安。

有些地方的人们刚刚发现双排扣西装的妙处，而在另一些地方双排扣西装称得上是长盛不衰。2011 年一次参加遗产拍卖的经历让我更加坚信这一点，那是著名美国演员、时尚偶像、著名默片明星道格拉斯·范朋克的儿子小道格拉斯·范朋克的遗产，其中的服装部分包括了许许多多双排扣西装和夹克，甚至有三件是奢华的天鹅绒晚装夹克。不用说，这引起了众人浓厚的兴趣。

在这里，我并不想简单复述一遍双排扣的历史，尽管这段历史相当精彩。我还是更想谈一谈关于这件服装单品的迷思，这主要是为了在座那些可能从来没有穿过双排扣西装或者夹克的人。

我们中的很多人都非常善于为自己想做某件事情，或者不敢做某件事情找到合适的借口。比如说去给穿双排扣西装——更确切地说，不去穿双排扣西装——找借口。关于不穿双排扣的理由有很多。我们常常会听到这样的言论："因为我太矮/重/高/瘦/骨节突出（你还可以在此填入任何其他形容词）了。"搞得好像服装风格和体型有什么关系似的。

不过事实还要更糟糕。有些男人会说他们不能穿双排扣是因为衣服的衣襟总是会把别人的视线引开，或者是衣服的搭门从视觉上和实际效果上都增加了穿着者的体积，又或者是双排扣外套的腹部太扎眼了，凡此种种，不一而足。我最近看了一本男士着装风格手册，上面说了一些诸如“双排扣不适合太矮或者太重的男人，因为这种衣服中段的布料过于厚重”。这真是傻话。

关于人们为什么不应该穿上双排扣西装，还有许多莫名其妙的原因。这些原因就像是——容我打个可能不那么确切的比方——木马也会拉屎一样真实。你只需要注意观察下四周，就能轻易道破其中的不实之处。让我给你举个尽可能恰当的例子。

我有一次遇见了亚里士多德·奥纳西斯[1]，说实话，他的外表并不像加里·格兰特或布拉德·皮特那样帅气。他给我留下的第一印象就是他的梨形身材，也就是说身体中段比较宽，肩膀却比较窄。但是他看起来不比我见过的任何人逊色：洁净的白色真丝正装衬衫和藏青色真丝领带，擦得锃亮的定制小牛皮鞋，还有一件剪裁漂亮的藏青色真丝双排扣西装。他的配饰是一条雪白的口袋巾，以及他标志性的黑色粗框眼镜。他的每个毛孔里都流露出优雅的气息。

有太多的人毫无必要地就放弃了着装的乐趣。他们对伟大的双排扣西装如此无动于衷，这真可谓是个悲剧。想想那些伟

1. 亚里士多德·苏格拉底·奥纳西斯（1906—1975）：希腊船王，在巴黎去世的时候拥有大小船只约 400 艘，共 700 万吨。——译者注

大的风格偶像吧：得体的威尔士亲王，更具有花花公子风度的阿兰·弗鲁瑟，完美的意大利服装商马里亚诺·鲁宾那奇和卢西亚诺·巴伯拉，演员裘德·洛和丹泽尔·华盛顿，以及伟大的生活方式专家拉尔夫·劳伦。这些人的身材和尺寸都大相径庭，但他们同样热衷于双排扣外套。一个人应该穿什么、不应该穿什么的标准，只关乎态度，不关乎身材。

说了这么多，我这里还有一些关于风格的小贴士希望你们可以记住。双排扣西装比较正式，也比它那单排扣的兄弟更具有文雅的气息。正因为如此，它更适合纯色或条纹，不那么适合格纹（然而彩格呢的双排扣外套却相当不错）。此外，传统的双排扣都是剑领，平驳领更适合单排扣夹克。其次，下面那片衣襟还需要用一颗填扣固定，这是为了得体。最后，双排扣通常要比单排扣短一些，让搭门处多出来的衣料显得协调一些，这是为了风格。

经典的双排扣——无论是西装外套还是夹克，都有六颗纽扣，通常要扣起的是其中两颗。但这也不一定，因为有些人只扣右侧底部的纽扣。更迷惑人的是，有些人不喜欢六颗纽扣的设计，他们只要四颗，甚至只要并排的两颗就够了。最后一种风格通常会受到质疑，因为实在太离经叛道。不过有选择总是好的。有风格的人常常会有那么一点不守规矩。

24

夏季面料

SUMMER FABRICS

之前我曾有幸被邀请去曼哈顿最富有传奇性质的演员俱乐部[1]吃午餐。自此之后这里就成为全世界我最喜欢的地方了。这本是19世纪著名的美国演员埃德温·布斯——他的弟弟是不那么著名的演员、刺杀林肯的凶手约翰·威尔克斯·布斯——所创立的，俱乐部的设计则出自明星建筑师斯坦福·怀特[2]之手笔。这个地方散发着历史舞台的气息，从某种意义上，这句话可不是比喻，因为这里四处陈列着一些古老的演出服装和道具。还有一些著名演员去世后制作的面具模型、数以百计的男女演员的肖像（其中有一些出自约翰·辛格尔·萨金特[3]的手笔）、成吨的道具刀剑、手杖、刺客匕首、舞台家具，以及其他舞台道具。更别提这里还有全国最好、最令人愉快的戏剧图书馆了。

但在这一切之中，楼下餐厅里有一件东西吸引了我的注意力。这个小餐厅叫作烧烤屋，里面有一个吧台、一只壁炉、几张零星的餐桌，以及一张台球桌。我问邀请我的人，会不会有人真的使用那张台球桌。"一直都有，自从俱乐部1888年开业以来。"他说，"壁炉上挂着的撞球球杆还是马克·吐温的呢。"

我坐在那里，边吃自己的火鸡俱乐部三明治边品味着这番话。这真是好一番世纪末的景象：马克·吐温和几个伙计在打

---

1. 演员俱乐部（The Players Club）：纽约最古老的私人俱乐部，由19世纪著名莎剧演员埃德温·布斯创立。——译者注

2. 斯坦福·怀特（1853—1906）：美国建筑师，莎士比亚戏剧评论家理查德·格兰特·怀特之子。他帮助设计了波士顿公共图书馆、旧麦迪逊广场花园、纽约华盛顿拱门以及许多其他著名建筑。——译者注

3. 约翰·辛格尔·萨金特（1856—1925）：美国著名画家，优秀的肖像画大师和卓越的水彩画大师。——译者注

撞球，一边抽着哈瓦那雪茄，一边把白兰地酒杯从台球桌上拿开以便打进一个连击。斯坦福·怀特也很可能是他们中的一员，因为他也是此间常客，实际上在 1906 年 6 月 25 日那个温暖的晚上，他就是在这里吃了人生中的最后一顿晚餐，然后走向麦迪逊广场花园和他的情人，著名的白日美人伊芙琳·内斯比特[1]约会。就在那里，他被伊芙琳的丈夫开枪射杀。

怀特和哈里·索在这个房间里打台球时会穿亚麻西装吗？我很好奇。吐温，作为一个传统的反叛者，就很喜欢白色亚麻西装。在《纽约时报》的一次采访中，他这样提起了自己最爱的造型搭配。“我发现，”他说，“像我这样，当人到了 71 岁这般年龄，再穿深色的衣服就很容易给人造成压抑的印象了。颜色轻快明亮点的衣服看起来更顺眼，也更有精神。”这个点不错，看起来更有精神总是件好事。一件漂亮的白色亚麻西装可能无法稳定道琼斯指数，缓解印度次大陆的紧张局势，或是让电视节目变得稍微有意思一点。但是话又说回来，它可以让穿着者获得更多的尊严，让他的形象更加亮眼，提振他和身边人的精神。这些都值得你考虑一下。

在过去的一个世纪里，各种面料的白色西装都展现出了耀眼的光辉：麂皮绒和斜纹华达呢、山东绸、纯棉，甚至是巴拉西厄羊毛呢。但是亚麻总是众多面料中的最佳之选。在美国南部，亚麻是身份的象征。世界级的花花公子汤姆·沃尔夫——

1. 伊芙琳·内斯比特（1884—1967）：作为合唱团少女和艺术模特出名。16 岁时成为斯坦福·怀特的情人，分手后嫁给了铁路和煤矿大亨哈里·索（Harry Thaw）。后者出于嫉妒，枪杀了怀特。——译者注也许能算是继马克·吐温之后白色亚麻西装的最佳代言人——说他的着装风格所受到潜移默化的影响，来自他在弗吉尼亚州里士满度过的童年。在那里，“无论天气有多么炎热，就算是半吊子的绅士出门时也要穿西装、打领带。那里到处都是白色亚麻西装”。

如今，绅士俱乐部、白色亚麻西装、台球和白兰地都从我们的社会图卷上消失了，取而代之的是超设计的运动鞋、高科技设备和低卡路里软饮料。但也不一定！作为西装和休闲服装的面料，亚麻再一次获得了人们的青睐。一开始我是看中了它的优雅和舒适，但后来它就成了我的风格标签。对我来说，除了优雅和舒适之外也没有别的理由让我可以穿上某种服装了。

亚麻——是由亚麻植物纤维编制而成（linum usitatissimum，如果你想知道它的植物学名称的话）——其历史比人类文明还要长，如果不算无花果叶子的话，它很可能是人类最早用来覆盖身体的材料。《圣经》里的医生路加[1]曾这样描述一位绅士：“有一个财主，穿着紫色衣袍和细麻布衣服，天天奢华宴乐。”要知道，这位绅士居住的地方距离里士满可是颇有一段距离。而在路加出生之前，埃及人用亚麻来纺织面料已经有几百年历史了。人们一开始就意识到，亚麻面料不仅经久耐用，而且容易清洗。在中世纪，亚麻成为欧洲最普及的面料，就算是穷人也对亚麻非常熟悉。这种面料用途广泛，从床单、裹尸布，到餐巾和毛

1. 路加：在圣经中是耶稣的门徒、路加福音和使徒行传的作者。他是一名希腊人，职业是医生。——译者注

巾，当然还有服装，从外套到内衣。

然而在亚麻的着装史上，是人们卫生习惯的改变让它脱颖而出。17世纪，人们开始学习新的卫生守则，其中就包括了要经常换衣服、洗衣服。在这个过程中，亚麻清洁方便，而且经久耐搓。在丹尼尔·罗什[1]的精彩研究著作《服装文化》（*The Culture of Clothing*）中，详细记录了这一过程："亚麻，特别是亚麻衬衫的普及，大大促进了更换衣服、保持身体清洁的卫生习惯。"

细麻布衬衫和内衣（当时被称为"小麻布"）在18世纪成为上流社会的尊贵象征。只有能够经常换衣服的人，才称得上是外表体面的人，据估计，就连当时普通的小店铺主都有大概6件亚麻衬衫，而更加讲究、更加富裕的人至少要有25件。有一天，作家、哲学家卢梭从一场音乐会回家后几乎要精神崩溃了：因为他发现有人偷走了他的42件最好的亚麻衬衫！

爱尔兰、比利时和意大利出产的亚麻历来最受推崇，而穿着干净的亚麻服装则是现代着装的特点之一。英国自然学家吉尔伯特·怀特（1720—1793）写道："经常更换亚麻服装，而不是长年累月地穿羊毛服装，这是干净整洁的象征，也是更现代化的象征。"到了19世纪，著名的乔治·博·布鲁梅尔凭借他充满个人风格的服装收藏，成了伦敦上流社会的时尚标杆，他的衣橱里有"非常优质的亚麻服装，数量众多，经常清洗"，与此

1. 丹尼尔·罗什（1935— ）：法兰西学院教授，当今最负盛名的法国历史学家之一，也是研究18世纪的专家。《服装文化》是其关于物质文化史研究的代表作品。——译者注

同时他还要每天洗澡。布鲁梅尔的声明和建议在当时是革命性的，但他那些摄政时期的贵族朋友们都听从了他的话。只要财力可及，越来越多的人开始经常换衣服和洗澡。尽管公共卫生还要在很长一段时间之后才会好转，但人们的个人卫生在此时就已经开始革新。

渐渐地，棉布取代了制作衬衫和内衣的亚麻布，但亚麻还是会被用来制作外衣。20 世纪时，在气候多变的南部地区——像是意大利、古巴和美国南部——当地人和游客都会穿浆洗和熨烫过的白色亚麻西装。浆洗和熨烫后的亚麻布还是会变皱巴巴，这番工序只是为了展现魅力和派头而已。现在我们生活的这个社会里有太多铝箔一样的合成纤维，亚麻那种皱巴巴的质感反而是它的魅力所在。亚麻的魅力就在于这种漫不经心、满不在乎的感觉，这种泰山崩于前而面不改色的镇定风度。不过有时候我们会表现出与之相反的势力嘴脸。比如说拉尔夫·劳伦就不得不缝上“保证会皱”的标签，就是为了给那些没有安全感的顾客证明衣服都是真材实料。而乔治·阿玛尼则在把衣服从洗衣机里拿出来以后就直接挂在了衣架上。但是白色亚麻西装真正的行家里手不需要这么刻意：想想蒙地卡罗赌场里的诺埃尔·考沃德、比弗利山庄泳池边的加里·库珀，甚至是科莫湖畔的乔治·克鲁尼。当然，我们也不能忘记了徜徉在曼哈顿上东区的著名作家汤姆·沃尔夫。

当然，我们在这里讨论的不仅是白色亚麻。意大利男人穿亚麻很有一套，他们认为这种服装还没有被变成科学技术的一部分——它依然属于艺术的范畴。我年轻时，见过卢西亚诺·巴伯拉和塞乔·洛罗·皮亚那这二位——世上最卓越的设计师——他们都穿着烟草棕的定制款亚麻双排扣西装，我确定，这出自米兰的伟大品牌卡勒塞尼，他们俩简直如诗一般浪漫。沙色、橄榄绿、海军蓝和灰绿色也是品位之选。而受人尊敬的那不勒斯人马里亚诺·鲁宾那奇则喜欢在晚上穿黑色亚麻西装——真的很时髦。还有一些花花公子甚至会穿上粉彩的颜色：粉色、淡橘色、孔雀蓝、奶油黄、珍珠灰和薄荷绿。

想要驾驭这种风格，你必须严于律己、善于自省，这种风格不适合那些内心软弱、困惑和胆怯的人。在这样一个时代，服装产业推崇的是防起皱、高弹力的化纤面料，只有亚麻才具有皱巴巴的浪漫风情。这种面料舒适、得体、优雅，自有一番漫不经心和满不在乎的气质，把那些追求一丝不苟完美外表的人都比了下去。穿上亚麻西装是自信的体现，因为能够接受那些恰到好处的褶皱，正代表着穿着者的风度、质感和信心。随着时间的流逝，亚麻面料的颜色可能会有轻微的褪色或变化，变色就意味着这些衣服有点年纪了。与笔挺的着装比起来，这种旧旧的感觉也更有味道。也许这种衣服不适合于那些审美上的新手，更适合自信的、有天赋的着装者。亚麻是不可超越的。

还有其他的夏季服装呢？ 20 世纪的最后 10 年，人们开始关注超细美利奴羊毛，这被称为“超级面料”。像是这样的面料革命，无疑是 20 世纪下半叶男装方面最激动人心的发展。如果说男装有一股最主要的潮流，那就是追求舒适的潮流。服装的穿着性能随之发生了巨大的改变。

你可以盘算一下，在这种改变之前男性服装是有多令人难以忍受。比方说，一百年前商人们的标准着装是深色精纺毛料西装，厚重的布料每码重 12 ～ 18 盎司，最重能达到 20 盎司（而每件西装大概要用 4 码布料）。与之配套的是浆硬的礼服衬衫，同样硬邦邦的常礼帽和及踝的系扣鞋。冬天，还得加上一件厚重的麦尔登呢（每码至少 20 盎司）外套。整套装束深沉、僵硬、累赘、笨重，看起来非常沉闷。当时没有空调，而绅士也不可以在办公室里脱掉夹克。我给你些时间，想象一下这种生活吧。

难怪追求舒适的服装革命爆发了。有趣的是，把我们从令人窒息的服装中解救出来的不是服装样式的变化，因为在过去的百年里定制服装和配饰的样式都没怎么变过。发生改变的是面料。科技让我们得以生产出轻盈、柔软、耐用的面料，可以经常穿着、清洗。

面料是西装成败的关键。即便巧夺天工的裁缝也无法用低劣面料做出好衣服。从传统上来说，他们喜欢天然纤维——羊毛、亚麻、棉花、丝绸。自 18 世纪以来，羊毛就是他们的标配，当时正值大弃绝时期（见简介），男性纷纷抛弃丝绸衣料，钟情于贴合身体曲线的定制服装。这种对于实用性的追求最早在英国流行，那里技术精湛的纺织工制作羊毛面料已有几百年历史。羊毛有不少值得推崇的优点：适于裁剪、质地透气、穿着舒适、易于清洗，且有弹性。同时羊毛吸水性也很好，可以吸收自身重量 30% 的水分，但你又不会觉得过于潮湿，因为羊毛的质地可以令水分很快挥发。难怪羊儿们看起来总是很舒服的样子。

如今人们生活在人工调节气温的环境下，也更倾向于使用轻盈的、适合四季穿着的衣装面料——奇怪的是，不少面料都含有羊毛。大部分定制服装的面料基础仍然是上乘羊毛，而最负盛名的上乘羊毛无疑出自澳大利亚和新西兰的美利奴细毛羊。这种羊毛既轻柔又极其强韧，是制作优质西装的不二之选。面料制造商在拍卖会上购买未加工的顶级美利奴细羊毛，然后将它们运送到自己的作坊内加工：清洗、染色、梳绵、纺线。之后，再将羊毛线纺织成一系列面料：法兰绒和斜纹软呢、精纺布、华达呢、高支平纹布、斜纹呢等，不一而足。

自从羊毛纺织面世以来，就有了羊毛“分级”制度，这一制度决定了羊毛品质优劣——评判标准相当主观。那些专家们拿起羊毛纤维，用手指捻一捻就能说出好坏。也是出于这个原因，到今天羊毛的质感还被称作“手感”（hand）。不过最近，我们已经有了更为科学的系统来精确测量纤维的品质。羊毛纤维在精密的电子显微镜下以微米为单位进行测量（一微米比头发丝还要细许多），最高质量的纤维被称作“极细”（superfine）。极细纤维比普通纤维更细、更长，同时也更有弹性。细到什么程度呢？一磅（不到半斤）极细 100 支羊毛——100 指的是直径 100 微米，通常羊毛直径在 50 微米到 200 微米以上[1]——可以纺出 30 英里（约等于 48 公里）的线。简单来说，极细羊毛支数越高，纺出的面料越好。有些极细羊毛面料每码重量不到 8 盎司（约 227 克），却拥有极佳的抗皱性和垂坠感，即使在炎热潮湿的环境中也不会打折扣。

---

1. 此处疑有误。应为：支数指的是一磅羊毛纺出的线可以缠满多少卷线轴（每个线轴约 840 码毛线），现在羊毛的支数通常为 50 ～ 200 支。——译者注

这些极细羊毛面料自从 20 世纪 80 年代以来就备受瞩目，不过有些其他天然的纤维面料亦值得一提。例如巴拿马布料（fesco cloth），这种较为传统的精纺面料自 20 年代以来就长盛不衰，至今仍然广受欢迎。这种面料所用的线会先经过绞搓，再以较大间隔纺织成布料。这种面料清爽耐用，同时非常透气抗皱。早期的巴拿马面料较为粗糙，14 盎司 / 码的重量也不占优势。不过自从发明了新型机器可以绞搓更轻的纱线之后，面料的重量大大减轻，先是降至 9 盎司 / 码，而就在几季之前，这个数字竟然降到了惊人的 7 盎司，同时保留了所有优点：透气、抗皱，还有凹凸的手感。这种面料是西装、运动夹克、特殊版型长裤，尤其是旅行着装的极佳选择。

通常来说，你不会认为开司米是适合温暖天气的面料；可以说，直到 25 年前你还是正确的。传统的开司米是用羊毛粗纺（woolens）系统制作的，这种织造工艺适用于更厚重的面料，织造过程中织物纤维未经拉伸和精梳。这就是为什么比较厚重的粗花呢和法兰绒具有一种浓密和毛茸茸的手感。另一种羊毛纺织技艺被称为精纺（worsted），织造更平整、更光滑的纤维，可以做成更轻的面料。第二次世界大战后研制出的精纺织造机械可以适用于更精细的开司米纤维，现在基本上每个面料生产商都可以出产 7 盎司半到 8 盎司半的开司米面料了。轻质开司米非常柔软，摸起来像是云朵一般，染色效果也无与伦比。因此开司米的颜色轻柔而温软，同时浓烈而生机勃勃。

轻质开司米的缺点在于不耐久、易褶皱。它缺乏高捻度面料的特性。这种面料太金贵，不适合做成长裤，但做成特殊场合的运动夹克或是类似单品倒是很合适。如果在开司米里混纺入一点真丝、羊毛或亚麻，这样的特性会得到一定的缓解。早期的混纺面料主要是合成纤维和棉、羊毛的混纺，近期的潮流则是把各种天然纤维混合在一起，并尝试着呈现出它们各自最好的特性。我个人更偏好后者，不仅是因为天然纤维的透气性更好。开司米、真丝和羊毛的混纺会是一种具有羊毛的抗皱性、真丝的哑光感，以及开司米柔软质地的轻盈面料。各种纤维的比例取决于希望突出面料的哪种特性。

除了开司米、真丝和羊毛混纺之外，另一种优质的混纺夏季面料是马海毛和真丝。这二者都具有优雅的都市气息，并且泛着微微的光泽。同时它们也都正经历东山再起的过程。20 世纪 50 年代末和 60 年代初，弗兰克・辛纳屈、迪恩・马丁、小萨米・戴维斯和鼠帮乐队（the Rat Pack）的其他成员在拉斯维加斯的金沙赌场登台演出，身穿马海毛服装让他们看起来充满了男子汉气概，而现在的马海毛修身西装，看起来也是一样的性感。经过激光剪裁，这种面料的廓型看上去是如此完美，甚至比因为鼠帮乐队而大红大紫的那个时代更加流行了。

从前，马海毛纤维来自成年的安哥拉山羊。这种羊毛纤维又长又硬，极具光泽，手感略糙，结构则有点易碎，这就意味着这种面料有点粗糙、有点发亮，折痕处容易产生裂痕。今天的马海毛来自从年轻山羊身上梳下来的羊毛——因此也称为马海羔羊毛——比之前更优质、更柔软，色泽也不那么亮。很多工坊会在纺织的时候混入一点点优质美利奴羊毛，这能提升面料的性能，让它更耐穿。马海毛的颜色都具有宝石般的光泽——紫红色、黑色、午夜蓝、焦赭褐色和炭灰色都是最常见的——因此比起制作乡村服装来说，这种面料更适合制作晚装和城市着装。

除此之外，马海毛里还经常被混纺入真丝。真丝就像马海毛一样具有光泽，就像另一种夏季服装面料亚麻一样历史悠久。如果你想要知道真丝的起源，我建议你去找一本介绍各种昆虫的书来读，尤其是关于飞蛾与毛虫的著述，学习一下蚕是如何从吐丝器里分泌出富含蛋白质的蚕丝的。这个过程对我来说太毛骨悚然了。

而在人类的历史上，真丝拥有一段悠久的历史，其中还充满了神话和传说。它的历史与丝绸之路也密不可分——而这条从中国通往地中海地区的贸易路线也是以它命名的。这是一段丰富多彩的历史，最早可以追溯到 4000 年前，其中牵涉无数的商人和旅客、朝圣者和士兵、皇帝和小偷。

人们通常认为，丝绸文化是在 5—6 世纪经过君士坦丁堡流传到了西方，到了 14 世纪意大利已经因为生产优质真丝面料而名声在外。今天，西方国家不再生产这么多丝绸，但是意大利的小作坊还是在继续限量生产这种面料——尤其是所谓的生丝，而其中山东绸和双宫绸是最出名的。山东绸是一种粗制丝绸，常用来制作颈饰、帽带等配饰；双宫绸制作的优雅西装和晚装则在 20 世纪 50 年代掀起了一股时尚热潮。

推动这股热潮的，是辛屈纳和他的朋友们，他们对真丝产生了兴趣，并穿着闪闪发亮的真丝无尾晚礼服和剪裁锋利的西装登台演出，这衣服出自比弗利山庄著名的裁缝和服装供应商

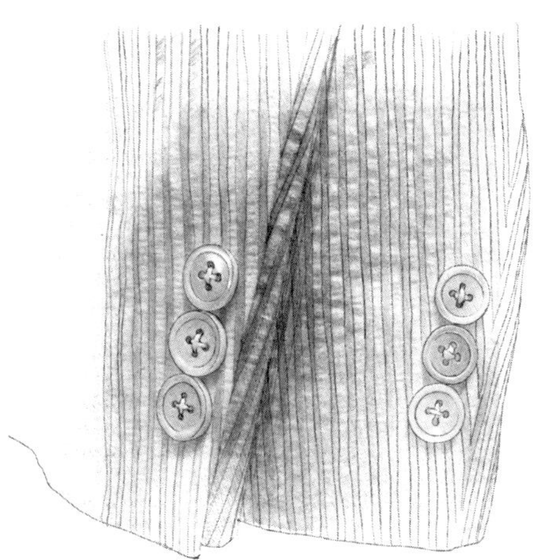

塞·德沃尔之手。这些衣服剪裁修身、闪闪发光，散发出一种朴素的优雅。当时，这样的装扮代表着着装者的悠闲、自信和精明干练。其中包含了洛杉矶的酷劲儿、拉斯维加斯的潮流和欧洲大陆的时髦。很多人都说，这是美国历史上男装最好的时光：剪裁完美、闪闪发光的西装，耀目的白色衬衫，圆角领和露出一大截的衣袖，银色绸缎领带、带有真丝宽帽带的稻草浅顶软呢帽、亮色的口袋巾，以及锃亮的一脚蹬便鞋。你可以在 20 世纪 60 年代鼠帮乐队的电影《十一罗汉》里看到这一切。

在夏季面料范围另一端的是泡泡纱。这是一种广为人知的夏季西装面料，粗糙和光滑这两种不同的手感以条纹形式间隔出现，最早很可能是出现在印度（泡泡纱的英文名 seersucker 其实是波斯语 shir shaker 的变种，这个词原本是“奶和糖”的意思）。这种词源学的考证也许解释了为什么这种面料上的条纹会拥有两种截然不同的质感。泡泡纱最与众不同之处，就在于这些条纹的形成原理是所谓的异织缩率，也就是说一组纤维用正常的张力编织，而相邻的一组纤维用较小的张力编织，这般编织的结果就是，面料上形成了起褶和光滑相交替的特殊条纹。

用泡泡纱制作的服装天然具有褶皱，这就用不着熨烫了。这不仅仅是泡泡纱最与众不同之处，也是它最大的优势所在。如果这种面料本身就是皱的，那你就永远不用担心弄皱它了，用它制作在温暖天气里穿着的服装，简直是一个天才的主意。泡泡纱最初是在美国南部用于制作廉价又实用的服装，在 20 世纪 20 年代普及到北部的城市，在这里被做成了西装。想要分析其走俏的过程，可能得用上一点社会学，人们对于泡泡纱的喜爱很大程度上是因为它皱巴巴的特性。

我们可以这么说（有些人肯定就是这么觉得的）：一丝不皱的衣着是一种建立在关注卫生基础上的美学标准，而遍布褶皱的衣着代表着一个邋遢的人。但是一点褶皱都没有的衣服同样也象征着财富，因为这意味着穿着者已经不用从事体力劳动了。提倡防皱的衣服正是为了迎合后一种心理，随着工业革命后白领阶层和中产阶级的壮大，这样的需求也越来越多。这是一种炫耀性消费的理念——著名的美国社会学家托斯丹・凡勃伦[1]在1899年出版的《有闲阶级论》（*Theory of the Leisure Class*）中提出的理论，清楚而幽默地论证了这一点。穿着巨大的带有裙撑的裙子的女人，以及穿着没有一丁点褶皱的服装的男人，他们都是说着同一句话："我用不着干任何体力劳动。"

很容易就能想见凡勃伦会如何评价廉价、防皱的合成纤维面料。近年来这种面料的发明意味着纹丝不皱的外表不再是一个值得追求的目标，因为几乎每个人——不管你多穷——都能置办得起一身这样的衣服。简单来说，科技已经改变了时尚的美学标准，虽然其中隐含的价值标准还是一样。

显而易见，泡泡纱和这种超现代化的防皱面料截然不同。直到20世纪20年代，泡泡纱还依然被认为是用来制作工作服的那种面料。到了30年代，布鲁克斯兄弟以15美元一件的价格贩卖泡泡纱西装。那时候，大学里的学生们开始穿起了这种西装，

1. 托斯丹・凡勃伦（1857—1929）：美国经济学巨匠、制度经济学鼻祖。——译者注

很快泡泡纱的地位就扶摇直上，先是在校园里，然后又进入了乡村俱乐部。今天，一件优质、纯棉、制作精良的泡泡纱西装已经不再是什么便宜的物件（尽管有些化纤混纺的还是比较便宜）。这种整洁得、舒服得要命的单品是夏季服装中的帝王——羊毛、马海毛，甚至是亚麻（没错）相形之下都显得黯然失色。

25

高领毛衣

TURTLENECKS

高领毛衣必须——或者至少应该——在秋冬季节定制男装中占有一席之地。在正装内搭一件高领毛衣，有何不妥吗？但是，好像真的很少有人这样穿。20 世纪 20 年代，威尔士王子在运动外套里搭配了一件高领毛衣，下身穿着高尔夫灯笼裤。到了三四十年代，罗伯特·泰勒、小道格拉斯·费尔班德斯、埃罗尔·弗林等好莱坞影星纷纷在正装西服和运动外套里穿着高领毛衣和翻领马球毛衣——这种毛衣起源于加利福尼亚，半正式半休闲的款式很快传遍全国。

在当时，高领毛衣除了好搭配之外，还有耐穿的优势：它可以出现在任何场合，任何人都可以穿——健硕的户外工作者或者是运动健将，也有精英人士穿它，连关押在案的罪犯也穿高领毛衣。这样一来或许会让你有些搞不清状况，没关系，让我来细细解释。

和很多现代的男装差不多，这款毛衣（英国人叫它圆领衫）最初也是为了实用好穿才发明的：当时，爱尔兰阿伦群岛的渔民还有那些以海为生的劳动人民开始穿着这种面料耐磨、自然素色的羊毛套头衫。岛上的每一个家族编织高领毛衣的手法都不尽相同，这样，万一有人罹难，可以区分出是谁家的渔民惨遭不幸。

后来，高领毛衣从休闲体育界走向了全世界。19 世纪 80 年代，随着自行车、网球、游艇、马球等运动的流行，高领毛衣也成为运动新风尚。20 世纪初，美国最受欢迎的《星期六晚邮报》（*Saturday Evening Post*）就特别喜欢用身穿运动服的帅气青涩大学生做头版封面，像莱安戴克[1]所画的哈佛划艇手就穿着校园色系的粗棒针字母毛衣。当时流行的封面差不多就是这样的感觉。

第一次世界大战之后，打猎、钓鱼、滑雪、帆船、骑马，当然还有徒步之类的户外运动也开始流行。徒步爱好者的标准装束是这样的：头戴贝雷帽，身穿开领衬衫，下身是水洗卡其短裤，套一件高领毛衣，还背着防水帆布背包。高领毛衣在当时已经是运动标配，20 世纪 50 年代，优素福·卡什[2]拍摄的海明威肖像就是这样的经典穿搭：这张正面照片看起来和当代维京冒险家十分相似，同样也留着浓密的络腮胡，穿着粗放的高领毛衣。海明威自己也喜欢这样的穿搭。

高领毛衣一直都秉持着这种实用功能，这也成为它的特征。第二次世界大战中，参与北大西洋战争的士兵们真是多亏了厚实的羊毛高领毛衣、毛织水手帽还有厚实的短毛呢大衣，才能在船上度过那些黑暗而寒冷的漫漫长夜。他们的深色毛衣领子从毛呢大衣里微微露出，脖子上挂着望远镜。我还记得，当年我做水手的叔叔被分配到北大西洋舰队扫雷艇跟船，就是这样的一身穿着。

高领毛衣被赋予了这样坚实、耐用的功能性诉求，然而从某种意义上，它还是被分成了两个类别。一方面，有一类高领毛衣成为所谓犯罪分子的标志：在经典的侦探惊悚片和侦探小

1. 莱安戴克：20 世纪初美国著名时尚插画家。——译者注
2. 优素福·卡什：20 世纪肖像摄影大师，代表作是 1941 年给温斯顿·丘吉尔拍摄的肖像。——译者注

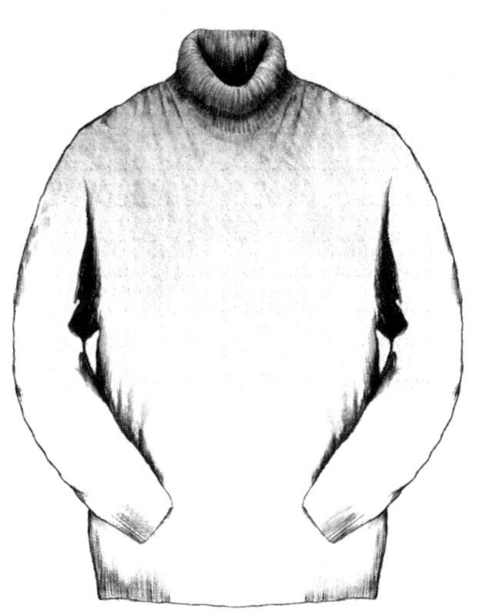

说里，一些犯罪分子头目戴着格子布帽子和黑色面具，身穿深色高领毛衣。在漫画形象中，这种人只要再背一个大帆布包，上面写着“贼赃”，就能证明身份。故事的结尾，这些反派角色总是被拉菲兹[1]或者布尔多克·德拉蒙德[2]，圣徒[3]或者是波士顿·布莱基[4]等英雄逮捕。

而另一派穿高领毛衣的运动员则更加高级、更加时尚。1924年11月，在一个周六的晚上，英国作家伊夫林·沃（Evelyn Waugh）重回故地，从伦敦出发到牛津默顿学院参加一个派对，事后，他就在日记中写道：“每个人都穿着一种新款的套头衫，穿搭特别方便，不需要领带，不需要其他配饰。而且，这种领子还能很好地遮住小伙子们脖子上的疖子。”几个星期之后，沃就买了一件高领毛衣，虽然他觉得自己穿起来好像并没有那么好看。

此外，懂得欣赏这种高领毛衣的人并不在少数。第二次世界大战后期，法国的波希米亚追崇者（比如说塞缪尔·贝克特就在伊夫林·沃之后也穿过），还有“垮掉的一代”也在日常生

1. 拉菲兹：英国作家 E. W. 赫尔南作品《业余神偷拉菲兹》的主人公。——译者注

2. 布尔多克·德拉蒙德：英国作家 H. C. 麦克纽尔（H. C. McNeile）小说中的人物，他是一位“一战”老兵，在战后成了一名冒险家，被卷入一系列阴谋之中。——译者注

3. 圣徒：英国作家莱斯利·查特里斯笔下的人物，原名西蒙·坦普尔，化名为“圣徒”四处行侠仗义。——译者注

4. 波士顿·布莱基：作家杰克·博伊尔小说中的人物，他原本是个专门偷窃珠宝和保险箱的黑人窃贼，在电影、电台和电视改编作品中成了一名侦探。——译者注

活中经常穿着深色高领毛衣——比如法国人让·保罗·萨特还有阿尔贝·加缪就会在毛衣外面穿深色皮夹克，美国的代表人物则会头戴贝雷帽、留着山羊胡，下穿牛仔裤或者军装卡其裤，外面搭一件军装外套，戴墨镜，甚至还会有手鼓（詹姆斯·迪恩、马龙·白兰度等明星就有很多这种造型的照片）。史蒂文·沃特森[1]研究“垮掉的一代”时就用了一张非常经典的照片，图中，年轻的威廉·布洛斯[2]站在丹吉尔[3]家门口的小巷里（他自己把那儿叫作“颠安别墅”，“所有的一切都有所关联”）。照片里的他就是这样一身标准穿搭，当然啦，一定有那件深色的高领毛衣出场。

事实上，无论是波希米亚主义，还是“垮掉的一代”，他们的穿着只是比很多美国和欧洲的普通大学生日常校园穿搭稍微极端了一点罢了——而这些学生中还有很多是退伍军人：这就意味着陆军部队里穿过的卡其裤、牛角扣大衣，还有高领毛衣。在法国巴黎的索邦神学院，新浪潮的波希米亚主义规定必须穿着黑色皮夹克，战后存在主义在服饰方面要求高学历的年轻人必须反流行穿着。在英国，年轻的知识分子流行穿松松垮垮的

1. 史蒂文·沃特森：美国作家，作品多围绕20世纪60年代的文化、艺术和历史。——译者注
2. 威廉·布洛斯：“垮掉的一代”代表作家，以对毒品的描写而著称，代表作是《裸体午餐》。——译者注
3. 丹吉尔：摩洛哥北部古城，“垮掉的一代”多位成员热衷于在此度假。——译者注

高领毛衣，这也成为他们这群人的标志服饰。红砖大学[1]里“愤怒的年轻人”身穿粗条纹灯芯绒衫，脚蹬厚重的布洛克鞋。这种穿搭是为了显示他们对旧权力制度的反抗，从服装开始，反抗深色西装、白色衬衫、领带领结的束缚，同时也是为了让自己与蓝领工人划开界线，就在20世纪60年代中期，新左派开始在西方出现。

这种“无产阶级”着装风格显然很容易模仿，也特别容易被漫画讽刺，或者一定程度上形成某种引导。当然，时尚本身可以引导一切。接受高领毛衣的人群越来越高级，中产阶级也开始流行这种穿着。它的面料更加考究，有点档次的公子哥穿的是丝绒高领套头衫。60年代中期，《花花公子》杂志创始人休·海夫纳就穿过真丝高领套头衫，外面配的是尼赫鲁上衣（这名字来自印度总理贾瓦哈拉尔·尼赫鲁，他好像不太喜欢那种看起来很奇怪、有点军装感的外套，讽刺的是，这种外套却似乎就是比较适合他本人，穿在别人身上更显怪异）。还有一点很奇怪的变革就是，当时的高领套头衫在领口位置还加了一条串珠绳子，好像是弥补了不能系领带的“遗憾”——这样的设计可能是考虑到要让大多数中产阶级男人们穿起来有那么点嬉皮，又仍旧保留一些固有的姿态。这种款式的高领套头衫和之前的稍有差异，它们会更加修身、更显身材，在服装店里和猎

1. 红砖大学（Red Brick University）：指在维多利亚时代创立于六大重要工业城市，并于第一次世界大战前得到皇家特许的布里斯托大学、谢菲尔德大学、伯明翰大学、利兹大学、曼彻斯特大学和利物浦大学，是除剑桥大学和牛津大学以外在英格兰地区最顶尖的老牌名校。——译者注

装、印花衬衫以及喇叭裤一起售卖。

20 世纪 60 年代，尼赫鲁上衣很快就过时了，取而代之的是华丽外套风潮。深蓝色收腰双排扣外套，两边高开衩，胸前是两排亮闪闪的金属扣，搭配白色高领衫（也是精梳棉或者丝绸质地）。这种穿搭风格和安东尼·阿姆斯特朗·琼斯不无关系，他是一位时尚摄影师，后来与英国公主玛格丽特结婚。这对夫妇是伦敦社交红人，在各种聚会、宴会上都能看到他们的身影，为了方便出入老百姓的聚会场合，还特地放弃豪车，改坐 MINI Cooper 出入。当时，欧美很多男性都是这样的穿衣风格，看起来像是从前的德国潜艇指挥官一样，古古怪怪。

高领毛衣的平民出身扭转了当时男装一贯以来的风格，成为现代男装的第一波潮流单品。在过去，时尚的传导都是自上而下的。而高领毛衣则反其道而行之，从寻常百姓家飞入了高阶人群。后来牛仔裤、法兰绒衬衫、派克大衣（Parka）和工装靴的流行也延续了这条路线。

不过，其实这种底层怀旧风也并不新鲜。在此之前，其实有过那么一波漫不经心的穿搭风潮。17 世纪的英国骑士对自己的穿着很不讲究（我们可以从范·戴克的画作以及罗伯特·赫里克的诗作里略知一二），16 世纪的德国贵族干脆就把上衣剪了（就跟现在有些人剪牛仔裤一样），露出一截身体。后革命时期的法国、摄政时期的英国，还有杰克逊时期的美国在服装上都流行过这样的风潮。

这样一来，街匪路霸和高级贵族看起来差别就不太大了。乔治·奥威尔曾经写过，伊夫林·沃他们这些大学里的知识分子大口大口地猛灌啤酒，就像那些工人们大喝扎啤一样。70 年代，“垮掉的一代”也后继有人，反文化的花之子（Flower Power）喜欢嗑药，这种药丸还是从美国中心城区的底层黑人兄弟那里最先流行起来的。他们唱民谣和蓝调，搞得自己跟一般的工人阶级不太一样。朋友们，只有改变是永远不变的，难道不是吗?

26

雨衣雨具

WEATHER GEAR

要说什么服装能够反映出21世纪之后我们对于服饰和着装的概念转变，那么，应该就是户外外套了——大多数男士衣橱中最重要的防雨防寒装备。在20世纪，户外外套的设计要么是运动款，要么是军装款，要么就是为商务人士设计的（因此是被设计成穿在定制男装外面的样子，其本身也是量身定制的）。现在，前两种外套——军装派克大衣、防风防水外套、工装、户外探险服等——也可以作为商务着装了。

不管是哪种款式，这种军装或者是运动风格的外套都很耐磨经穿，并且具有一些共性：1. 一般都采用比较实用的面料，比如厚实的帆布或者尼龙，粗鞣革、上蜡棉纱、麦尔登呢、精缩羊绒，还有各种天然或人造纤维的混纺面料。2. 很多外套都加了鹅绒内衬、毛料、合成绝缘层和夹棉的拉链背心。3. 其中大部分都会带帽，有些还是可拆卸或者可隐藏的帽子。4. 基本上都有各种尺寸、各种形状的口袋。总之，以上这些特性可以组合搭配出众多款式，这也就解释了为什么男士外衣会拥有如此多的样式。就在最近一季男装发布中，我发现，仅拉尔夫·劳伦一位设计师就发布了198款不同的男装外套，包括各种飞行夹克（bomber jackets）、牛仔夹克（trucker jackets）、军官外套（officer’s coats）、厚呢短大衣（peacoats）、机车外套（biker jackets）、牛角扣大衣（duffel coats）、飞行员夹克（pilot’s jackets）和毛绒外套（ranch coats）等。

从定制外衣到实用休闲夹克的转变，也很好地论证了艺术史学家詹姆士·雷沃的理论。他说，现代男装以运动装或者军装为起源，逐渐变得日常化，随着时间发展越来越正式，最终固化为一种特定的门类。他以燕尾服为例，证明了这种发展模式。在19世纪初，燕尾服是在猎狐时穿着的，然而到了20世纪，它竟然成为了最高级的晚礼服标配。现在只有在非常正式的场合才会有人穿燕尾服，要么就是乐队指挥的打扮；不仅如此，甚至很少有裁缝懂得如何制作一件燕尾服了。

关于雷沃的理论我可以说很多，不过现在我就拿战壕风衣（trench coat）和马球外套（polo coat）为例来说说好了。马球外套最初的设计是有一条松松垮垮的腰带，造型类似睡衣，马球选手在比赛间隙可以把它披在肩头保暖，后来，时髦的小伙子们就把它当成日常便服穿了。与此类似，战壕风衣是在第一次世界大战时期由英国军官发明，后来复员返乡的军人把这种风衣当作日常外衣穿回了家乡。这两款外套虽然都不是正式着装，但可以穿在任何款式的男装外面，哪怕是燕尾服也毫无违和感。

战壕风衣同时也是军装步入日常的典型代表之一。第一次世界大战中那些大规模的堑壕战过去了100多年，但最经典款式的战壕风衣仍旧与我们同在。这种风衣还发展出了各种“潮流”的变体，在三防——尤其是防雨——方面至今仍然没有其他服装可以与之匹敌。这一点也说明，好的服装设计不仅美观而且实用，定会历久弥新。

作为防雨衣来说，最大的差别并不在于款式，虽然这可能是普通人最先注意到的地方，关键在于面料。制作防雨衣的面料主要有两种方式，这两种方式被人们广泛采用，而且都很值得推荐。其实，主要还是关乎于品位，而非功能本身（顺便提

一句，用尼龙制作的雨衣和风雪大衣要相对便宜，在不用的时候可以折叠收纳。这种雨衣就很适合旅行时携带，非常方便，但是不适宜作为商务防雨外衣穿着——或者说作为优雅的着装——只能应急罢了)。

早先，比较老式的防水面料制作方法就是在棉质面料外面加一层橡胶涂层。这种手段是由苏格兰人查尔斯·马金托什(1766—1843)——千万别跟苏格兰建筑师和画家查尔斯·马金托什搞混淆了——在19世纪20年代早期发明的。马金托什是一位化学家，他设想了一个给面料增加橡胶涂层的概念。特威德河(River Tweed)北岸有很多酒吧都取名为“高地伞”(Highlanman’s Umbrella)，就是因为苏格兰人对于防雨这件事特别有执念，而马金托什似乎更是沉迷其中。这个故事的细节可能只有化学家才会感兴趣，因此我们长话短说：最终，他成功发明了在两层面料之间夹一层橡胶的工艺。

根据《服装与时尚百科全书》(*The Encyclopedia of Clothing and Fashion*)的记载，麦金托什把自己的发明形容为“‘印度橡胶布’，利用这种加工方法，麻料、羊毛、棉、丝绸还有皮革、纸张以及其他原料都可以做到防水、防风。在两层材料中间夹一层石脑油软化过的橡胶，类似于三明治结构”。用这种合成材料制作的外套就相当于雨衣，至今英国人还常常把雨衣称为“mac”(麦金托什的简称)，英国还有一个著名的雨衣品牌就叫麦金托什。这种外套因为加了一层橡胶的关系，变得更加厚重、生硬，但是也不会透水——因此很多这种面料制作的外套在腋下增加了透气孔的设计(通常是很多密集的小洞)，才能让身体

"自由呼吸"。

另一位最早研发出雨衣的天才——他发明了最高级的防水面料——就是托马斯·博柏利（1835—1926）。他在萨里（Surrey）的小村庄出生和长大，最开始在当地的布商那里做学徒，开始了解面料这回事。1856年，他自己在英国汉普郡的贝辛斯托克开了店。在附近纺织厂主们的帮助下，他开始不断试验，并最终成功研发出一款防水棉布，这种防水工艺在纺纱和织布阶段都要用到羊毛脂（一种羊毛油脂提纯物）：棉纱经过化学浸润，紧密地纺织成面料，并再次浸润，这样就得到了防水面料，这种面料相比橡胶面料而言更轻薄、更凉爽，具备天然的透气性，并且防水性丝毫不差。

后来，博柏利便专门应用这些防水面料制作和销售耐用而防水的野外运动装备——他自己就是个野外运动的狂热爱好者——再后来，生意越做越大，他在1891年把服装店搬到了伦敦［博柏利旗舰店一度坐落在秣市街（The Haymarket Street）30号100多年，如今搬到了摄政街121号］。他在新店里设计和出售各种外套：独创设计楔形袖的射击披风、带有暗褶的骑马外套，还有为了新兴赛车运动专门设计的剪裁宽松的防尘外套，诸如此类。极地探险家罗伯特·福尔肯·斯科特、欧内斯特·沙克尔顿和罗尔德·阿蒙森也都曾穿着博柏利设计和制作的防风防水服装。就连阿蒙森带去极地的帐篷也出自博柏利。

20世纪头10年，博柏利还专门成立了一个部门设计和生产棉质军用雨衣。其中就有一款后来成为了第一次世界大战时期最著名的军用防水战壕风衣。这款风衣的设计可以让士兵们在战壕里应付各种艰苦的状况。据报道，著名的陆军元帅、战争事务大臣基奇纳勋爵（Lord Kitchener）在战场上就穿着这件风衣（还有记载称，1916 年 6 月，他乘坐的战舰不幸被德军水雷击中、全军覆没时，他穿的也正是这件风衣），而这标志着战壕风衣的巨大成功。在 1914—1918 年的战争期间，几十万英国士兵都穿着博柏利战壕风衣或其他防雨服装。这些军装并不防弹，但是在防雨、防风、防寒、耐脏方面着实非常出色。

因其如此卓著的性能，那些年里这种出色的战壕风衣卖得很好。第二次世界大战的时候，士兵们仍旧穿着这种上衣，而在 20 世纪 40 年代的黑白电影里，它也是私家侦探们的重要行头。这么一说，你的脑海里很快就会想到《海外特派员》（*Foreign Correspondent*）中的乔尔·麦克雷，《爱人谋杀》（*Murder, My Sweet*）中的迪克·鲍威尔，《再见，吾爱》（*Farewell My Lovely*）中的罗伯特·米切姆，《刽子手》中的阿伦·列特，还有《北非谍影》（*Casablanca*）中的亨弗莱·鲍嘉等形象。有一段时间，军用短上衣好像被直筒宽身的巴尔玛肯外套（balmacaan coat）抢了风头，不过很快它又流行起来，现在，几乎每个品牌都发布过类似款式。不同时代的时尚潮流可能会让它在长度上有些许调整，但基本都还保持着战争时期的状态：双排扣、防水卡其棉布、带有在风雨天可以收紧的肩章和袖口系带、肩膀上有防风翻襟和后过肩、楔形后裥、大翻领下有可调节的领扣、结实的腰带配有 D 型金属环扣（最初这个设计是为了行军用的：可以挂上水壶、军刀、手榴弹、地图匣以及其他各种军用品）。如果你在克利夫兰或者旧金山这种城市里可能用不上，但是如果出门在外需要带个相机或者雨伞的话，就会很实用了。

经典的战壕风衣是军装走进日常生活的完美例证，而巴伯夹克（Barbour jacket）则可以算是运动服的日常化典范。如今，这种外套出现了很多变种，而每个设计师都至少设计过一款这个类型的外套，此外还有很多模仿衍生产品。但还要数巴伯出产的夹克最正宗也最好。（其实，这种外套一共有三种比较流行的样式：短款的博福特夹克（Beaufort）和比代尔夹克（Bedale），以及稍长一点的博德夹克（Border）。这些年来，巴伯夹克在运动装和军装领域有过几十种不同的变形款式，这只是其中几个流行度比较高的而已。）

苏格兰人约翰·巴伯（1849—1918）出生在加洛韦，20 岁的时候他背井离乡，闯荡江湖，在英格兰各地做流动布商。后来，大概是厌倦了漂泊，1894 年，他在南希尔兹港（South Shields）停下脚步，开了家布店，专门向水手和渔民兜售防水衣裤。短短几年间，他已经成了当地最大的户外装备供应商，除了水手和渔民之外，农民和其他户外工作者也都来购买他的商品。

随后，巴伯公司开始为军队制作军服，其中就有著名的厄休拉外套（Ursula suit），在第二次世界大战期间，乔治·菲利普船长率队乘第一艘 U 形潜水艇“厄休拉号”出航时穿的就是这款外套，还有英国国际摩托队、奥运马术队、英国皇室以及全国各地的野外作业者，都在穿。

这种夹克外套之所以流行，主要还是因为它们能够很好地防风、防雨，让穿着者保持温暖和干燥。相比涂胶工艺而言

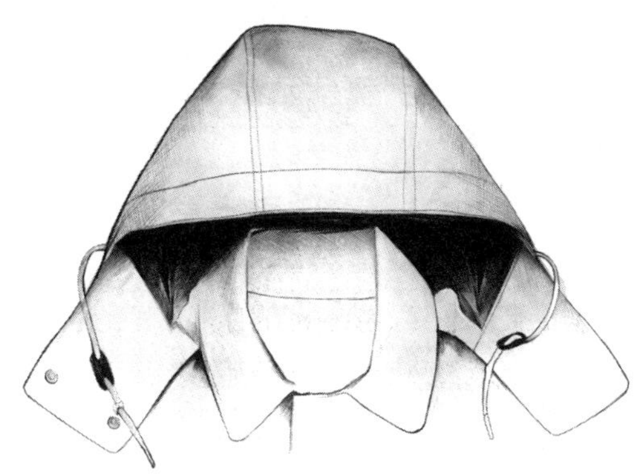

（就是在两层棉中间夹一层橡胶），巴伯夹克是把埃及棉浸在石蜡液中，这样一来，面料不仅透气而且柔软。然而，缺点则是它必须经常反复上蜡才能保持防水性能。巴伯可能是世界上唯一一家提供保养维修服务的服装企业。很多购买者会把衣服送到南希尔兹总部进行定期保养、维修或者是改制。

因此事实并不像雷沃的理论那样，巴伯公司并不是靠运动装和军装发家的，这两种招牌产品都是由劳动人民的防护服演变而来。草根阶层穿什么显然不是雷沃研究的话题，也可能是因为他没有活到能见识所谓“工装时尚”的兴起（1975 年，雷沃去世。当时，工装风潮还处于酝酿阶段，也没有和校园风、嬉皮士以及度假风产生任何关联）。在雷沃的理论中，现代男装脱胎于运动装和军装，随后被列入正装。而事实上，大约从 20 世纪中期开始，男装时尚开始从底层工人阶级向上发展，并非像此前的几个世纪里那样自上而下流传。

有没有什么办法可以让这两种趋势统一起来呢？其实我也不太清楚。不过如果要论起从劳动人民的制服变为设计师时尚单品，恐怕没有比牛仔夹克更好的例子了。牛仔夹克和早先的谷仓夹克（barn jacket）确有关联，但也略有不同。谷仓夹克能盖住臀部，而牛仔夹克则只到腰间（因此它也免去了谷仓夹克的那两个前插袋）。这种夹克出身卑微，但是 20 世纪六七十年代嬉皮士的孔雀革命兴起之后，它获得了大学生们的喜爱，提高了自己的地位，甚至有贵族穿上了貂皮衬里的牛仔夹克——这一现象又让我联想起雷沃的另一个理论，他说，有钱人通过用穷人的方式享乐来炫耀自己的财富，这种现象终结于爱德华时期。他说出这话肯定是因为没见过金·卡戴珊和坎耶·维斯特。

关于牛仔夹克历史的必要研究还远没有完成，不过可以推断它的起源应该就在 19 世纪，和另一种伟大的西方社会服装单品牛仔裤（见第 6 章）差不多时间问世。我们都知道李维·施特劳斯在 1853 年创建了牛仔裤工厂，1873 年，他和雅各布·戴维斯为经典版型申请了设计专利（美国专利号：139.121），自此之后，牛仔裤的款式就没怎么变过。很有可能，牛仔夹克就是在那段时间之后、20 世纪之前诞生的。可以肯定的是，牛仔裤和牛仔夹克是前后脚流行起来的。自此之后西部电影开始广受欢迎，并在 20 世纪 20 年代成为一种类型片，到了 30 年代，度假牧场又成为度假胜地。50 年代，牛仔夹克迈出了历史性的一步：它和牛仔裤、T 恤、工装靴一起，成为贫困嬉皮士的最爱。到现在，几乎每个时装设计师在设计休闲系列时都要做一两件这样的外套。

和它的兄弟款黑色机车皮夹克一样，牛仔夹克长及腰间、袖子收口、领子下翻。但是，牛仔夹克的独特在于它有两组口袋——一组有翻盖，一组是斜插袋——袖口带扣子，领口也有一颗。天冷的时候，可以穿加了法兰绒衬里的版本。这种夹克最注重实用性能，所以很容易就能改成你想要的样子。牛仔夹克的设计很简单但又不失时髦，可以跟任何下装搭配，也可以用各种面料来制作：粗放的高级皮革、稀有皮革、奢华皮草、丝缎面料、合成面料，当然还有羊毛、亚麻和真丝。想一想，要是出现了那么一件紫红色鳄鱼皮牛仔夹克，好像也没什么大惊小怪的。

牛仔夹克可不只是给圣达菲之路上赶牛的牛仔设计的，它还在被不断设计改良。机车手去掉了袖子，而乡村歌手则添了绣花装饰。纳什维尔著名设计师和裁缝曼纽尔[1]创作过一系列代表作，就是手工缝制了50件夹克，每个州一件，在上面绣上了每个州的州徽、州鸟和州花。这一系列堪称艺术品，显示了一件普普通通的衣服也能通过艺术家之手华丽变身。

与此同时，经典款的牛仔外套，无论是Levi's或者其他品牌，百年来都仍旧延续着始终不变的特征：到腰间的长度、六颗前扣、小翻领、袖口按扣、搭扣腰袢、胸口有两个翻盖按扣袋子，还有两个斜插口袋。面料通常用的是11盎司牛仔面料，金属有柄纽扣，橘黄色踩线也是其重要标志。除此之外增加的一切元素都只能算是装饰。

当然，最好的户外外套还有雨衣，最重要的是为了提供防护功能。那么其他方面有没有考虑呢？在严酷天气条件下我们要穿什么，既能够应对恶劣环境，又能保持得体，甚至看起来还能有些品位？

现在我们中的大多数不像以前的人一样，在恶劣天气下还不得不在户外逗留。现在，我们从家里走到车库，开车出去去上班，把车停到地下车库，坐电梯进办公室，一天结束后再原路下班、回家。搞不好有些人几十年里都能做到足不出户。不过，总有那么些时候我们需要在外面，有时甚至时间还不

1. 此处指曼纽尔·奎瓦斯（1933— ），出生于墨西哥的时装设计师，以为摇滚歌手和乡村歌手设计演出服而出名。——译者注

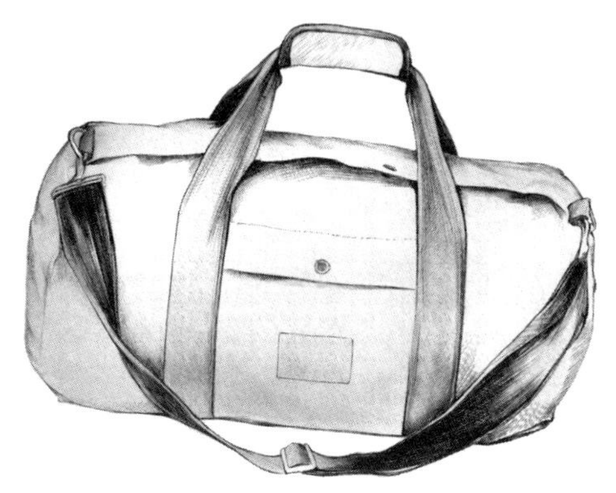

短——或者天气极端糟糕——这样一来，就连最厚实的巴伯外套、巴尔玛肯外套或者麦金托什大衣也不够用。

在这样的情况下，基本上你有两种雨具可以选择。如果雨势很大，那还是要打伞。就像雨衣一样，雨伞也有很多种类型和风格，材质也各有不同。不过，质量肯定是最首要的考量标准，毕竟打伞是为了实用，而不仅是为了好看。我的感受是，便宜的伞其实是很贵的，因为不好用，所以我们很快会丢掉它们。我们要学会花钱买好货：一把好的雨伞可以用很多很多年。

伞已经发明了至少 3000 年吧，既遮雨又遮阳（“太阳伞”），伞面也有各种不同的材质，纸、蕾丝、丝绸、方格花棉布，还有绣花缎面。现在最好的雨伞伞骨是用金属或者木头做的，伞顶多采用密织尼龙，也有用上蜡棉纱的。颜色上来说，也不再只有黑色一种。手柄的材料多种多样，而这可以在很大程度上决定这把伞的价格。传统的手柄是木头或者黄竹、马六甲木或者其他硬木，包皮手柄和雕花木、水晶或者金属手柄通常都比较贵。如果你对这方面感兴趣，世界上最负盛名的雨伞品牌詹姆斯·史密斯父子（James Smith & Sons）就在伦敦（新牛津街 53 号），他们家从 1830 年开始制作雨伞、拐杖还有拐杖椅等。品类丰富，还可以进行私人定制。

除了雨伞之外，合适的鞋子在恶劣天气中也至关重要。这种情况下，靴子就是男人的不二选择了（详见第 2 章），不过也会有例外——像开董事会或者参加婚礼之类的正式场合——穿着猎鸭靴（Bean boots）或者弗莱靴（Fryes）在屋里嗒嗒地走就不是很适宜了。

这时候，可以选择在正装鞋外面穿一双套鞋，等到室内后第一时间脱下来。这些橡胶套鞋方便穿脱，容易收纳，脱下来之后可以卷起来装进塑料袋、放进手提箱，甚至可以塞在外套口袋里。这招太高了——而你，亲爱的读者朋友，将是全场最能“干”的人。

当然也有比较时髦的橡胶雨鞋，小巧一些的橡胶套鞋可以只包住皮鞋的局部来穿着。这种鞋套也有各种款式和颜色（虽说黑色是最传统的），也要比传统的橡胶套鞋更便携。同样轻质、防滑、穿脱自如又简单。

致谢

本书中部分文章为首次出版，亦有部分文章改编自原发表于以下书刊的文章：

ASuitableWardrobe.com

G. 布鲁斯·博耶,《优雅：品质男装指南》(*Elegance: A Guide to Quality in Menswear*)，纽约：诺顿出版社（Norton），1985

G. 布鲁斯·博耶,《极度合身：商务男装的风格元素》(*The Elements of Style in Business Attire*)，纽约：诺顿出版社（Norton），1990

Ivy-Style.com

《服饰与美容男刊》(*L'Uomo Vogue*)

MrPorter.com

《浪子》(*The Rake*)

我要对亚历克斯·利特菲尔德（Alex Littlefield）为本书做出的重要贡献表示特殊的感谢。他睿智的见解、出色的编辑能力，以及对本书的热情让我的写作过程充满了乐趣。他对于大小细节的关注与掌控，引导着我不断前行。

此外，我还要对时装技术学院博物馆副馆长帕特丽夏·米尔斯的支持和建议表示衷心的感谢。

附录　最佳男士时尚书籍

一份特别的书单，献给那些想更加深入了解男性服装的人。

自从 1980 年以来，行业内涌现了大量的男装设计师，与此同时，越来越多的时尚读物开始关注男装。这些书中有一部分是严肃的学术理论研究，另一部分则是通俗的历史读物、浮华的咖啡桌装饰书、指导手册，或是关于理容和着装的指南。还有的是以上几种书的综合体。有些书愚蠢到令人难以置信，其他则过于艰涩，令普通人难以理解。还有些书称得上是恰到好处，在学术性和娱乐性方面取得了完美的平衡，写得深入浅出、老少咸宜。

我那陈列时尚书籍的 18 个书架已经不堪重负，我觉得自己应该扔掉其中的大部分——那些自打一开始就不该被写出来的书，或是那些我读过，但是觉得一无是处，也永远不会再打开的书。但是下列这些书让我获得了极大的乐趣，并且自我感觉受益匪浅。请容许我按首字母顺序介绍它们。

Antongiavanni, Nicholas. *The Suit: A Machiavellian Approach to Men's Style*. New York: Collins, 2006.

一本关于定制和穿着服装的实用指南，借用了意大利文艺复兴时期著作《君主论》的文体。书中的建议偏重守则和程式，对于创意和时尚潮流的变化则缺乏讨论，因此整体上显得有些过时。不过书中的信息依然称得上可靠和实用。

Bell, Quentin. *On Human Finery*. 2nd ed., revised and enlarged. New York: Schocken Books, 1976.

本书研究的是凡勃伦所提出西方社会的炫耀性消费理论，以及这一理论是如何作用于时尚的。这是一个非常严肃的主题，但本书行文却机智而充满娱乐性，无论是历史学者还是普通读者都适合阅读。作者本人曾是一名艺术家，以及布鲁姆斯伯里团体[1]的成员——他是弗吉尼亚·伍尔芙的侄子——由此可见，他对于讲究的着装颇有一番见解。

Boyer, G. Bruce. *Elegance: A Guide to Quality in Menswear*. New York: Norton, 1985.

书中收录了一系列浅显易读的文章，百科全书一般收录了男性服装的经典主题。书中最实用的部分——比如说商店和服装供应商的清单——已经过时了。作者一开始就警告过出版社，现在他觉得自己很像是卡珊德拉[2]什么的。

Breward, Christopher, ed. *Fashion Theory: The Journal of Dress, Body & Culture*, vol. 4, no. 4, Masculinities. Oxford: Berg, 2000.

享有盛誉的时尚理论期刊，致力于研究男装时尚。编辑是

1. 布鲁姆斯伯里团体：从 1904 年至第二次世界大战期间，以英国伦敦布鲁姆斯伯里地区为活动中心的文人团体。
2. 卡珊德拉：Cassandra，希腊神话中的凶事预言家。

该领域内的著名学者，录入了一系列关于裁剪、20 世纪 30 年代着装、好莱坞戏服和 20 世纪下半叶时装潮流的精辟文章。

Carter, Michael. *Fashion Classics from Carlyle to Barthes*. Oxford: Berg, 2003.

一本相当实用的书，严肃地讨论与分析了 19 世纪和 20 世纪最重要的时装文献，从托马斯 · 卡莱尔（Thomas Carlyle）《旧衣新裁》（*Sartor Resartus*）到法国文化批评家、文学理论家罗兰 · 巴特的重要著作。

Chenoune, Farid. *A History of Men's Fashion*. Translated by Deke Dusinberre. Paris: Flammarion, 1993.

记载了从 1760 年到 1990 之间，关于欧洲和美国的一段精彩的男装历史。仅是那些华丽的插图就值回本书的价格。书中关于这段时间内法国时装历史的描写令人耳目一新。作者确是此中高手。

De Buzzaccarini, *Vittoria. Men's Coats*. Modena, Italy: Zanfi Editori, 1994.

这本关于外套的著述是《20 世纪时装系列丛书》（*The Twentieth Century Fashion Series*）中的一卷，丛书中的一系列著述讨论了 19 世纪末至今不同的时装单品。案例和插图都来自于法国、英国和意大利当时著名的男性杂志。

Elms, Robert. *The Way We Wore: A Life in Threads*. New York: Pica-dor, 2005.

这是一份充满感情的回忆录，记载了 40 年里的个人着装史——从 1965 年到 2005 年——作者是一位获奖的英国记者，他记录下这一段时间里基本上每一种时尚潮流，文中不乏细致入微和风趣幽默的细节。这份小小的记录值得收藏。

Flusser, Alan. *Dressing the Man: Mastering the Art of Permanent Fashion*. New York: HarperCollins, 2002.

作者的每一本书都值得阅读，而这本是他的最新著述，包罗万象又写得漂亮。没有人能比这位作者更了解正确着装的题中之义，多年来他的建议指引着无数精于着装的人士。

Fussell, Paul. *Uniforms: Why We Are What We Wear*. Boston: Houghton Mifflin, 2002.

本书讨论了制服，而又不仅仅是制服。作者是一位学者，也是一位好作家。他以深刻的文化洞察力、丰富的掌故和相关历史，揭示了我们为什么会如此这般地着装。

Gavenas, Mary Lisa. *The Fairchild Encyclopedia of Menswear.* New York: Fairchild Publications, 2008.

一本案头必备的参考书。每个条目都短小而精辟，其中很多还配有有意思的插图和参考书目。

Girtin, Thomas. *Makers of Distinction: Suppliers to the Town and Country Gentleman*. London: Harvill, 1959.

同类书中真正的经典，以迷人的文笔描述了一个已经逝去的世界：在那里，英国绅士的每一件衣物都是量身定制——也许除了内衣和雨衣之外。这是献给旧世界工匠精神的一本美妙著述。向那个属于服装艺术家们的伟大时代投去了眷恋的一瞥。

Hollander, Anne. *Sex and Suits: The Evolution of Modern Dress*. New York: Knopf, 1994.

作者是一位艺术历史学家，因此能从一幅肖像中比我们看见更多的东西。在本书中，她提出了一个大胆的理论：自从 18 世纪以来，比起女性的服装，男性的西装才是所有服装中最具有时代精神、最适合穿着的单品。

Kuchta, David. *The Three-Piece Suit and Modern Masculinity: England, 1550–1850*. Berkeley: University of California Press, 2002.

我会把这本书看作是一篇医学论文，非常令人信服地阐述了 16 世纪和 19 世纪之间，西装在英国是如何发展的。一段可靠而引人入胜的社会历史。

Martin, Richard, and Harold Koda. Jocks and Nerds: *Men's Style in the Twentieth Century*. New York: Rizzoli, 1989.

这本带有大量插图的书，讲述的是各类男性在 20 世纪的着装：工人、反叛者、花花公子、商人——诸如此类。有些分类显得稍有勉强，当然，因为如果你按照着装来区分当代人，总是会遇上重合的部分。但这还是一本不错的书。

McNeil, Peter, and Vicki Karaminas, eds. *The Men's Fashion Reader*. Oxford: Berg, 2009.

很可能是关于男装时尚最好的书，编辑是该领域内著名的学者。本书各个部分中包括男装的历史和演进、关于男性气质和性别的讨论、亚文化、设计和消费主义。这也是一份实用的文献资料。

Moers, Ellen. *The Dandy: Brummell to Beerbohm*. London: Secker & Warburg, 1960.

关于这个主题所作的经典而基础的研究，我们所有人都应该感谢作者。虽然现在其他作者已经就同一主题做了更深入的拓展，但这依然是你所能找到的关于 19 世纪英国和法国花花公子现象最好的研究资料。

Perrot, Philippe. *Fashioning the Bourgeoisie: A History of Clothing in the Nineteenth Century*. Princeton, NJ: Princeton University Press, 1994.

相当深刻并具有学术性，也同样兼具可读性与流畅性的社会历史。从服装的选择着眼，解读某种文化中的社会学。

Roetzel, Bernhard. *Gentleman: A Timeless Guide to Fashion.*

Pots-dam: Ullmann, 2010.

这本书调查了男性服装的一切，从修饰胡须到选择鞋履，以及从头到脚的所有着装。其中还包含一篇相当实用的文章，告诉你应该如何打理衣橱。

Schoeffler, O. E., and William Gale. *Esquire's Encyclopedia of 20th Century Men's Fashions*. New York: McGraw-Hill, 1973.

本书出版已经超过 40 年，但依然是书橱中必不可少、且引以为傲的一份收藏。以百科全书的形式介绍了 1930 年到 1960 年之间的历史。应该有人出版一个经过编辑、更新的新版本。直接重版也不错。

Shannon, Brent Alan. *The Cut of His Coat: Men, Dress, and Consumer Culture in Britain, 1860–1914*. Athens: Ohio University Press, 2006.

继库赫达的研究之后，这份完美的学术研究报告再次涉及 1860 年到第一次世界大战期间的男性衣橱。其中的本质在于这段时间消费主义的社会历史。一份相当全面的文献。

Sherwood, James. *The London Cut: Savile Row Bespoke Tailoring*. Milan: Marsilio, 2007.

一本关于当今萨维尔街的介绍和分析，作者是这个领域的专家。从历史、风格和客户群等方面细致而深入地讨论了这些公司的现状。本书应该被看作是这个领域的圣经。

Tortora, Phyllis G., and Robert S. Merkel. *Fairchild's Dictionary of Textiles*. New York: Fairchild Publications, 1996.

该领域内标准的参考资料，同主题下字典般存在，内容翔实、浅显易懂，无论是新手或专家都值得一读。

Walker, Richard. *Savile Row: An Illustrated History*. New York: Rizzoli, 1988.

很好地介绍了世界上最著名的西装定制圣地，以及从 18 世纪到 20 世纪来到这片圣地的客人们。插图精美，配有专业的词汇表和俚语名录。

图书在版编目（CIP）数据

风格不朽：绅士着装的历史与守则 / (美) G.布鲁斯·博耶 (G.Bruce Boyer)著; 邓悦现译. -- 重庆 : 重庆大学出版社, 2022.2

（万花筒）

书名原文：True Style: The History and Principles of Classic Menswear

ISBN 978-7-5689-3090-1

Ⅰ. ①风… Ⅱ. ①G… ②邓… Ⅲ. ①男服-服饰美学-基本知识 Ⅳ.①TS976.4

中国版本图书馆CIP数据核字（2021）第258255号

风格不朽：绅士着装的历史与守则

fengge buxiu: shenshi zhuozhuang de lishi yu shouze

[美] G. 布鲁斯·博耶 著

邓悦现 译

策划编辑 张 维

责任编辑 姚 颖

装帧设计 Typo_d

责任校对 关德强

责任印制 张 策

重庆大学出版社出版发行

出版人 饶帮华

社址 （401331）重庆市沙坪坝区大学城西路 21 号

网址 http://www.cqup.com.cn

印刷 重庆市正前方彩色印刷有限公司

开本：880mm × 1240mm 1/32 印张：9.5 字数：208千

2022年2月第1版 2022年2月第1次印刷

ISBN 978-7-5689-3090-1 定价：69.00元

TRUE STYLE: The History and Principles of Classic Menswear

by G. Bruce Boyer

Published by arrangement with Basic Books, a Member of Perseus Books LLC

through Bardon-Chinese Media Agency

版贸核渝字（2021）第106号